Transformer大模型

原理、实践及应用

| 陈喆 ◎ 著 |

清华大学出版社

北京

内 容 简 介

Transformer 是大语言模型等大模型的现阶段主要架构。本书从原理的角度系统地讲解序列监督学习、序列聚合、注意力机制、Transformer 层及 3 种类型的 Transformer 架构，从应用的角度讲解并演示如何在自然语言处理、计算机视觉、信号处理、推荐系统、深度强化学习等领域使用 Transformer 架构完成文本分类、文本生成、机器翻译、语音识别、语音合成、图像分类、图像说明、视频分类、视频预测等任务，并从实践的角度通过 47 个循序渐进的实验引领读者使用 PyTorch 框架独立编程实现上述方法和架构，完成上述任务。

本书不仅适合作为相关专业本科生及研究生的专业课教材，也适合相关领域的从业者、科研人员及大模型应用爱好者参考。

图书在版编目（CIP）数据

Transformer 大模型：原理、实践及应用 / 陈喆著. -- 北京：清华大学出版社，2025.7.
ISBN 978-7-302-69881-4

Ⅰ. TP391

中国国家版本馆 CIP 数据核字第 202583GA38 号

策划编辑：白立军
责任编辑：杨　帆　战晓雷
封面设计：杨玉兰
责任校对：刘惠林
责任印制：刘海龙

出版发行：清华大学出版社
　　　网　　址：https://www.tup.com.cn，https://www.wqxuetang.com
　　　地　　址：北京清华大学学研大厦 A 座　　　　邮　　编：100084
　　　社 总 机：010-83470000　　　　邮　　购：010-62786544
　　　投稿与读者服务：010-62776969，c-service@tup.tsinghua.edu.cn
　　　质量反馈：010-62772015，zhiliang@tup.tsinghua.edu.cn
　　　课件下载：https://www.tup.com.cn，010-83470236
印 装 者：三河市龙大印装有限公司
经　　销：全国新华书店
开　　本：185mm×260mm　　　印　　张：11.75　　　字　　数：267 字
版　　次：2025 年 9 月第 1 版　　　印　　次：2025 年 9 月第 1 次印刷
定　　价：59.00 元

产品编号：101946-01

It's more likely than not that you live in a simulation.

Elon Musk

We are almost certainly living in a simulation.

Nick Bostrom

大语言模型、多模态大模型等机器学习大模型正在改变人们的生产方式和生活方式。现阶段，大语言模型等大模型的主要架构仍是 Transformer。

尽管 Transformer 架构问世至今已有 7 年，但截至本书写作之时，仍鲜见深入分析 Transformer 架构原理的图书，也鲜见原理、实践、应用并重的系统化的 Transformer 教材。鉴于此，我在两篇相关论文（"Attention is not all you need anymore" 和 "Interpretation of the Transformer and improvement of the Extractor"）及两本相关教材（《机器学习原理与实践（微课版）》和《深度强化学习原理与实践》）的基础上撰写了本书。

本书假设读者已学习过高等数学、线性代数、概率论与数理统计等数学类课程，使用过 Python 语言及 NumPy 库和 Matplotlib 库编程，学习过线性回归、逻辑回归、神经网络等机器学习方法。如果还没有学习过机器学习，建议在开始学习本书之前先学习《机器学习原理与实践（微课版）》（清华大学出版社 2022 年出版）的前两章。此外，推荐读者在学习本书之前学习《深度强化学习原理与实践》（清华大学出版社 2024 年出版）。

本书共分为 7 章。

第 1 章初步讨论深度学习及 Transformer 架构，讲解深度神经网络，为使用 PyTorch 框架编程实现深度学习方法奠定基础。

第 2 章重点讨论序列监督学习，包括序列预测和序列生成，并讲解循环神经网络。

第 3 章主要讨论用来"合并"长度可变序列中各项的序列聚合方法，包括基于标量投影的序列聚合方法、选择性序列聚合方法，由此引出注意力机制和多头注意力机制。

第 4 章为全书重点，主要讲解如何更加高效地组织训练样本（用于训练基于注意力机制的序列预测神经网络）及 Transformer 层中的前馈网络、残差连接、层标准化、dropout，并讲解 3 种类型的 Transformer 架构：解码器型 Transformer、编码器型

Transformer 及编解码器型 Transformer。

第 5 章以文本分类、文本生成、机器翻译、语音分类、语音转文本任务为例，讲解并演示如何在自然语言处理领域应用 Transformer 架构。

第 6 章以图像分类、图像说明、视频分类、视频预测任务为例，讲解并演示如何在计算机视觉领域应用 Transformer 架构，并讲解卷积神经网络。

第 7 章以身体活动识别、旅行延长推荐、走迷宫任务为例，讲解并演示如何在数字信号处理、推荐系统、深度强化学习领域应用 Transformer 架构。

全书共有 47 个实验。如果仅根据每个实验给出的提示即可独立完成实验，可以给自己一个"优秀"的成绩；如果在参考附录 A 中的实验程序和中文注释后完成实验，可以给自己一个"良好"的成绩。

感谢我的父母和妻女，没有亲人的全力支持与多方面持续付出，就不会有本书。同时感谢所有支持本书写作和帮助本书出版发行的人们。

陈　喆

2024 年 12 月于沈阳

目 录

第 1 章

引　言

创造非生物生命(non-biological life)是人类千百年来的梦想。

在人工智能(Artificial Intelligence, AI)领域,人们梦想实现通用人工智能(Artificial General Intelligence, AGI)——让机器像人类一样具有理解、学习以及执行广泛智力任务的能力。人工智能是研制能够像人类一样具有理解、学习、推理、规划、决策等能力的智能机器(特别是智能计算机程序)的学科。

近年来,伴随着大语言模型(Large Language Model, LLM)和生成式 AI(Generative Artificial Intelligence, GAI)领域的研究取得令人瞩目的进展,人们再次燃起追求通用人工智能的热情。有人认为通用人工智能有望在几十年内甚至几年内得以实现,也有人认为谈论通用人工智能仍为时尚早。

无论通用人工智能是否终将得以实现,人工智能领域的蓬勃发展都将为计算机、数学等诸多相关学科注入新的活力。

1.1　从机器学习到深度学习

人工智能中的学习能力由机器学习方法实现。机器学习(Machine Learning, ML)是人工智能中的一个研究领域,它研究如何使计算机等设备像人类一样学习与行动,其主要从现有数据中以及从与外部世界的交互中学习。

在《机器学习原理与实践(微课版)》(以下简称"机器学习书")中,介绍过机器学习中的 3 个学习范式(监督学习、无监督学习、强化学习)以及精选的机器学习方法。而机器学习模型则是机器学习方法的具体实现。大体而言,机器学习模型根据现有数据或与外部世界交互的结果建立输入和输出之间的对应关系。例如,在监督学习中,机器学习模型根据带有标注的训练样本建立其输入和输出之间的对应关系;在无监督学习中,模型根据无标注数据来建立其输入与输出之间的对应关系;在强化学习中,模型通过与外部世界的交互建立状态和行动选择概率之间的对应关系。建立这些对应关系的目的是给模型未曾"见"过的输入对应一个或一组输出,即泛化,或者给出用来选择行动的策略。

人工神经网络（Artificial Neural Network，ANN）简称神经网络，是机器学习中的一类方法。神经网络由若干具有计算和存储能力的分属不同层的节点相互连接而成。根据网络中是否存在反馈环路，可以将神经网络分为前馈神经网络（Feedforward Neural Network，FNN）和循环神经网络（Recurrent Neural Network，RNN）两种类型，前者中不存在反馈环路，后者中存在反馈环路。

在"机器学习书"中，讨论过前馈神经网络及其原理。前馈神经网络适合用来拟合自变量数量固定的函数，例如拟合具有 l 个实变量的实值函数 $y=f(x_1,x_2,\cdots,x_l)$（其中自变量的数量固定为 l）。理论上，单隐含层前馈神经网络具备拟合任何函数的能力，前提是隐含层中节点的数量足够多（甚至需要无穷多个）。

看起来使用单隐含层前馈神经网络拟合自变量数量固定的函数足矣。然而，当数据中存在较为显著的规律时，使用单隐含层前馈神经网络拟合函数的"效率"并不够高，并且容易过拟合。这里的"效率"不够高是指在取得相仿的预测结果时神经网络所需的参数数量较多。在《深度强化学习原理与实践》（以下简称为"深度强化学习书"）中，具体分析过单隐含层前馈神经网络"效率"不够高的原因。

实际数据中往往或多或少存在规律。例如，图像中存在相仿的图案。通过学习这些规律从而做出更加准确的预测，是监督学习的价值所在。为了提高前馈神经网络的"效率"，也为了尽量避免过拟合，可以将较"宽"（即单隐含层中节点的数量较多）的前馈神经网络替换为较"深"（即隐含层的数量较多）的前馈神经网络。这种具有多个隐含层的神经网络称为深度神经网络（Deep Neural Network，DNN）。广义上，深度神经网络一词泛指具有多个隐含层的神经网络。狭义上，本书中提及的深度神经网络指的是具有多个隐含层的全连接前馈神经网络。基于多隐含层神经网络完成机器学习任务称为深度学习（Deep Learning，DL）。可见，深度学习是机器学习中的一个研究领域。

除了深度神经网络，深度学习中的基本架构还包括卷积神经网络（Convolutional Neural Network，CNN）和循环神经网络。卷积神经网络是前馈神经网络，适合用来拟合自变量数量固定的函数。对于自变量数量不固定的函数，例如具有至多 l 个实变量的实值函数 $y=f(x_1,x_2,\cdots,x_t)$，$t\in\{1,2,\cdots,l\}$，可使用循环神经网络拟合。循环神经网络中存在反馈环路，支持依次输入多个自变量值（每次输入一个自变量值），这是循环神经网络的优势。

人们常把具有单个隐含层的循环神经网络也视为一种深度学习方法，是因为单隐含层循环神经网络中的正向传播计算过程在某种程度上类似深度神经网络中的正向传播计算过程。本书将在后续章节中进一步讨论深度神经网络、循环神经网络以及卷积神经网络。

不过,也正因为循环神经网络中存在反馈环路,循环神经网络中的计算路径相对较长。这使得循环神经网络的正向传播和反向传播的计算时间都相对较长。那么,是否有更好的办法拟合自变量数量不固定的函数呢?

1.2　Transformer 架构

2017 年,Google 公司的阿希什·瓦斯瓦尼(Ashish Vaswani)等在论文"Attention is all you need"中提出了一种被命名为 **Transformer** 的深度学习架构。进一步而言,Transformer 是一种不含反馈环路的前馈神经网络架构,它在保持相对较长的计算路径的同时支持变长输入。

> 该论文作者之一雅各布·乌思克莱特(Jakob Uszkoreit)提出用 Transformer 命名这种架构,因为这种架构会变换(transform)其输入数据。该论文作者们也曾考虑用 CargleNet 命名这种架构,该名字源于 convolution、attention、recognition、Google 等一系列单词。
>
> 受披头士乐队将一首歌命名为"All you need is love"的启发,该论文作者之一利恩·琼斯(Llion Jones)提出用"Attention is all you need"作为论文标题。
>
> 本书中将该论文简称为"Transformer 论文"。

Transformer 最初是用来解决机器翻译(machine translation)中的序列转换(sequence transformation 或 sequence transduction)问题,故可以姑且将 Transformer 理解为"序列转换架构"。由于 Transformer 只是一种深度学习架构的名称,并非英文单词 transformer 约定俗成的含义,故本书中不将其译成中文。

最初的 Transformer 使用编码器-解码器结构,用来完成自然语言处理(Natural Language Processing,NLP)领域的机器翻译任务。该结构如图 1-1 所示。为了便于称呼,本书将这种使用编码器-解码器结构的 Transformer 称为编解码器型 **Transformer**。一般地,编解码器型 Transformer 适合用于两种序列之间的转换任务,包括但不限于机器翻译任务。以中译英任务为例。在这个任务中,可将中文语句看作一种序列,将英文语句看作另一种序列。将待翻译的中文语句(例

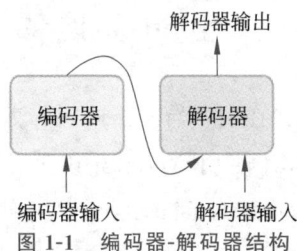

图 1-1　编码器-解码器结构

如"千里之行,始于足下")输入 Transformer 编码器,则 Transformer 解码器将输出与之对应的英文语句(例如"The longest journey begins with a single step")。

图 1-1 中的解码器输入由编码器输出以及以前时刻的解码器输出给出。编码器

与解码器之间的主要差别在于其中的注意力机制，具体细节将在第 4 章中进一步讨论。

一些机器学习任务，例如文本生成任务，可以仅使用 Transformer 解码器完成，而无须使用编码器，因此解码器中用来连接编码器的部分也可移除。这种仅包含解码器主体（而不包含编码器）的结构，被称为仅解码器（decoder-only）结构。为了便于称呼，本书将使用仅解码器结构的 Transformer 称为解码器型 **Transformer**。与仅解码器结构相对应的是仅编码器（encoder-only）结构，该结构将仅解码器结构中的注意力机制替换为编码器中的注意力机制。为了便于称呼，本书将使用仅编码器结构的 Transformer 称为编码器型 **Transformer**。

现阶段的大语言模型普遍使用 Transformer 架构。例如，GPT（Generative Pre-Trained Transformer，生成式预训练变换器）使用解码器型 Transformer，BERT（Bidirectional Encoder Representations from Transformer，Transformer 双向编码器表示）使用编码器型 Transformer。大语言模型可用来生成文本，因此是一种生成式 AI 模型。生成式 AI 是指能够生成文本、图像、视频、音频等数据的人工智能。一些可生成图像或视频的生成式 AI 模型，例如 OpenAI 公司于 2024 年 2 月 15 日发布的 Sora，也使用了 Transformer 架构。

由 OpenAI 公司于 2022 年 11 月 30 日推出的基于 GPT 大语言模型的聊天机器人 ChatGPT，在推出两个月后就拥有 1 亿用户，成为当时用户数量增长最快的消费者应用程序。

Transformer 架构被广泛应用于自然语言处理、计算机视觉等诸多领域。本书将在第 5～7 章中进一步讨论如何将 Transformer 架构应用于这些领域。

1.3 PyTorch 框架

在"机器学习书"中，使用 Python 编程语言以及 NumPy 库编程实现机器学习方法，并使用 Matplotlib 库绘图。如果还没有安装 Python 集成开发环境，可安装 Anaconda Distribution 并使用其中的 Jupyter Notebook。Anaconda Distribution 的安装程序可在 anaconda.com 网站下载。

在深度学习领域，为了便于实现多层神经网络的反向传播以及便于在 GPU（Graphics Processing Unit，图形处理器）上运行程序，在"深度强化学习书"书中使用 PyTorch 框架实现深度学习方法。在本书中，同样使用 PyTorch 框架实现基于 Transformer 架构的深度学习方法。

PyTorch 是 Meta 公司开发的基于 Torch 库的开源机器学习框架(自 2022 年 9 月起,PyTorch 由 PyTorch 基金会管理),其最初版本发布于 2016 年 9 月。

如果已经安装并且使用过 PyTorch 框架,可以跳过本节的学习。

1.3.1 PyTorch 框架的安装

如果还没有安装 PyTorch 框架,可以参照 pytorch.org 网站的 pytorch.org/get-started 页面中给出的 PyTorch 安装方法,在 Anaconda 上安装 PyTorch 框架。为了加速程序运行,推荐在支持 CUDA(Compute Unified Device Architecture,计算统一设备体系结构)的 GPU 上运行深度学习程序。

为此,可先通过 NVIDIA 公司网站的 developer.nvidia.com/cuda-toolkit-archive 页面下载并安装 PyTorch 所需的 CUDA Toolkit 版本,例如 12.1 版。CUDA 是 NVIDIA 公司为使用 GPU 进行通用计算而开发的并行计算平台与编程模型。接着,运行 Anaconda Prompt。以 Windows 11 操作系统为例,其路径为"开始"→"所有应用"→Anaconda3→Anaconda Prompt。然后,在命令行输入相应的安装命令,例如:

```
conda install pytorch torchvision torchaudio pytorch-cuda=12.1 -c pytorch
-c nvidia
```

若如此安装,基于 PyTorch 框架的 Python 程序既可运行在 CPU 上,也可运行在 GPU 上。在本书的后续实验中,假设已经按照该方案安装了 PyTorch。

如果计算机未配有 GPU 或者 GPU 不支持 CUDA,也没有关系,此时可以跳过 CUDA Toolkit 的安装,直接在 Anaconda Prompt 的命令行输入以下安装命令:

```
conda install pytorch torchvision torchaudio cpuonly -c pytorch
```

若如此安装,基于 PyTorch 框架的 Python 程序仅能运行在 CPU 上。

无论采用以上哪一种安装方案,在安装 PyTorch 框架之后,都可以运行 Anaconda Distribution 中的 Jupyter Notebook,基于 PyTorch 框架编写 Python 程序。以 Windows 11 操作系统为例,其路径为"开始"→"所有应用"→ Anaconda3 → Jupyter Notebook。

1.3.2 PyTorch 函数和类

PyTorch 中的主要数据结构为 tensor,用来保存由单一数据类型元素构成的多维数组。tensor 类似于 NumPy 中的 ndarray,但相比于 ndarray 支持更多的功能,其中一个主要功能是支持使用 GPU 进行计算。每个 tensor 对象都有一个 device 属性，该属性决定 tensor 对象将被分配到哪一个设备上，这些设备包括 CPU 和 GPU。如果 tensor 对象的 device 属性为 cpu，那么 tensor 对象将被分配到内存中，并使用 CPU 进行计算；如果 tensor 对象的 device 属性为 cuda，那么 tensor 对象将被分配到显存中，并使用 GPU 进行计算。

PyTorch 提供了用于操作 tensor 对象的函数（或方法）以及用于构建并训练神经网络的类（或模块）。表 1-1 列出了本书涉及的且常用的 PyTorch 函数（或方法）和类。这些函数（或方法）和类的具体参数和用法，以及更多的函数（或方法）和类，可参考 pytorch.org 网站给出的说明。这些函数（或方法）和类的使用可通过本书中的一系列实验逐步掌握。为了使 PyTorch 函数（或方法）和类在程序中更加一目了然，本书中并未对 PyTorch 中的 torch 等包使用别名。

表 1-1 本书涉及的且常用的 PyTorch 函数（或方法）和类

函数（或方法）和类	功 能 说 明
torch.tensor()	通过复制创建一个数组
torch.arange()	返回一个由等差数列元素组成的数组
torch.zeros()	返回一个各元素值都为 0 的数组
torch.ones()	返回一个各元素值都为 1 的数组
torch.triu()	返回给定矩阵的上三角矩阵
torch.tril()	返回给定矩阵的下三角矩阵
torch.clone()	创建数组的副本
torch.numel()	返回数组中元素的数量
masked_fill()	将数组中符合条件的元素的值替换为给定值
item()	将仅有一个元素的数组转换为数值
tolist()	将数组转换为列表
detach()	将数组从计算图中分离出来
torch.log()	计算数组中各元素的自然对数
torch.sum()	计算数组中给定维上元素之和或所有元素之和
torch.pow()	计算数组中各元素的幂
torch.sqrt()	计算数组中各元素的平方根
torch.mean()	计算数组中给定维上元素的平均值或所有元素的平均值
torch.std()	计算数组中给定维上元素的标准差或所有元素的标准差

续表

函数(或方法)和类	功 能 说 明
torch.matmul()	计算两个数组的矩阵积
torch.cumsum()	计算数组中给定维上元素的累积和
torch.sort()	按照数组给定维对数组中的元素进行排序
torch.argmax()	返回数组中给定维上最大值元素的索引或所有元素中最大值元素的索引
torch.reshape()	改变数组的形状
torch.transpose()	转置数组(调换数组的两个维)
torch.permute()	调换数组的各个维
torch.unsqueeze()	为数组添加一个大小为 1 的维
torch.squeeze()	移除数组中大小为 1 的维
torch.flatten()	将数组的部分维或所有维合并成一维
torch.unflatten()	将数组的某一维拆分成多维
torch.stack()	将形状相同的多个数组在一个新的维上连接在一起
torch.cat()	将形状相同(不包括给定维)的多个数组在已有的给定维上连接在一起
torch.manual_seed()	设置随机种子
torch.randn()	返回一个其元素的值服从标准正态分布的数组
torch.multinomial()	返回以给定概率随机抽出的非负整数
torch.randperm()	随机排列非负整数
torch.cuda.is_available()	检查 CUDA 是否可用
to()	既可用来转换数组中元素的数据类型,又可用来在不同设备之间传输数组
torch.save()	在文件中保存数组或对象
torch.load()	加载保存的数组或对象
torch.nn.Linear	仿射映射类
torch.nn.RNN	反馈环路类
torch.nn.Conv2d	二维卷积类
torch.nn.MaxPool2d	二维最大聚合类
torch.nn.Embedding	嵌入类
torch.nn.LayerNorm	层标准化类
torch.nn.Dropout	Dropout 类

函数（或方法）和类	功能说明
torch.nn.ModuleList	模块列表类
torch.nn.functional.relu()	ReLU 函数
torch.nn.functional.sigmoid()	sigmoid 函数
torch.nn.functional.softmax()	softmax 函数
torch.nn.functional.one_hot()	将非负整数转换为独热编码
torch.nn.BCEWithLogitsLoss	二分类交叉熵损失函数（或代价函数）类
torch.nn.CrossEntropyLoss	多分类交叉熵损失函数（或代价函数）类
torch.nn.MSELoss	均方误差损失函数（或代价函数）类
torch.optim.AdamW	AdamW 算法类
torch.nn.parameter.Parameter	模型参数类
torch.inference_mode	仅预测模式的上下文管理器类
torcheval.metrics.functional.binary_accuracy()	计算二分类准确度
torcheval.metrics.functional.multiclass_accuracy()	计算多分类准确度

其中，数组的形状（shape）是指数组的维数以及各维的元素数量，可由形状元组给出。形状元组中的元素数量等于数组的维数，形状元组中各个元素的值对应数组各维的元素数量。例如，若数组的形状为 $(3,4)$，则表示该数组为二维数组，且数组第一维有 3 个元素，第二维有 4 个元素，数组中元素的数量为 $3 \times 4 = 12$，如图 1-2 所示。需要注意的是，尽管数组的维数与向量的维数都使用维数这个术语，但数组的维数是指选择数组中元素时所需给出的索引数量，而向量的维数则是指向量中的元素数量。例如，向量 $(1,2,3,4,5)$ 中有 5 个元素，其维数为 5。一般地，可以用形状为 (n) 的一维数组存储 n 维向量，用形状为 (m,n) 的二维数组存储大小为 $m \times n$（m 行 n 列）的矩阵。

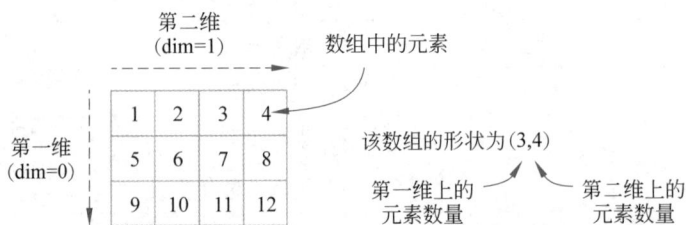

图 1-2　形状为 $(3,4)$ 的数组示例

除了支持在 GPU 上运行程序，PyTorch 也支持自动微分（automatic differentiation），这将便于实现多层神经网络的反向传播：无须关注偏导数的计算过

程,只需给出多层神经网络的正向传播计算过程,反向传播的计算可以交给 PyTorch "自动"完成。

1.3.3 PyTorch 实践

在"机器学习书"中,使用 Python 编程语言以及 NumPy 库实现具有单隐含层的多分类神经网络,并用轮椅数据集评估其分类性能。在接下来的一系列实验中,使用 PyTorch 框架实现该神经网络。轮椅数据集文件以及用来读取该数据集的 Jupyter Notebook Python 程序可通过扫描二维码下载。

轮椅数据集

> 轮椅数据集可用来识别老年人或患者坐在轮椅上的姿势。该数据集中输入的样本为安装在轮椅上的 3 个压力传感器和 1 个超声波传感器采集的数据,因此输入向量的维数为 4。其中,压力传感器的读数范围是 0～1023,超声波传感器的读数范围是 0～15cm(分辨率为 0.3cm)。每个训练样本标注的取值为 4 个整数之一:"1" 代表坐姿正常,"2"代表坐姿偏右,"3"代表坐姿偏左,"4"代表坐姿前倾。该数据集中有 308 个样本。

【实验 1-1】 使用 PyTorch 标准化轮椅数据集中样本的输入向量,并将该数据集中的样本随机划分至训练数据集和测试数据集。

提示:

(1) 该数据集由一个 308 行 5 列的表格给出,表格中的每一行对应一个样本,每一行的前 4 列为样本输入向量中的 4 个元素(输入向量的维数为 4),每一行的第 5 列为样本的标注,标注的取值范围为 $\{1,2,3,4\}$。

(2) 可随机将 200 个样本划分至训练数据集,将余下的 108 个样本划分至测试数据集。

(3) 分别标准化输入向量的每一维,即 $\tilde{x}_j^{(i)} = \dfrac{x_j^{(i)} - \mu_j}{\sigma_j}$,$x_j^{(i)}$ 为数据集中第 i 个样本输入向量的第 j 维,μ_j 和 σ_j 分别为训练数据集中训练样本输入向量第 j 维的均值和标准差,$i=1,2,\cdots,200$(或 108),$j=1,2,3,4$。

(4) 可通过 import torch 语句导入 PyTorch 框架中的 torch 包。

(5) 可使用 torch.tensor()函数通过复制其输入数据(例如用来读取该数据集的 Python 程序中 df 对象的 values 属性)构造一个 tensor 对象,同时可通过该函数的 dtype 参数指定返回的 tensor 对象的数据类型,通过该函数的 device 参数指定将返回的 tensor 对象分配到哪个设备上。

(6) 为了便于后续计算,可将样本输入向量中元素的数据类型指定为浮点型(例如 torch.float 型）、将样本标注的数据类型指定为长整型（例如 torch.long 型），并将样本标注的取值范围调整为{0,1,2,3}。

（7）计算均值可使用 torch.mean()函数,计算标准差可使用 torch.std()函数。需要注意的是,如果计算矩阵(二维数组)中每列元素的均值或标准差,应将这些函数的 dim 参数设置为 0;如果计算每行元素的均值或标准差,应将函数的 dim 参数设置为 1。

（8）随机排列从 0 到 n−1(n 为正整数)的整数可使用 torch.randperm()函数,在此之前可使用 torch.manual_seed()函数设置 PyTorch 的随机种子(例如设置为 0),以便于比对结果。

（9）可使用 torch.cuda.is_available()函数检查是否可以使用 GPU 进行计算。

（10）若后续使用 GPU 训练和评估神经网络模型,应将训练数据集和测试数据集存储在显存中,可使用 tensor 对象的 to()方法将对象从内存迁移至显存。

如果独立编写实验程序仍有困难,可参考附录 A 中经过注释的实验程序。

使用 PyTorch 首次在 GPU 上做运算时,程序的运行时间可能较长,这是因为一些函数或模块首次在 GPU 上运行时 PyTorch 将即时(Just-In-Time,JIT)编译它们。

【实验 1-2】 使用 PyTorch 实现单隐含层多分类神经网络。

提示:

（1）该神经网络隐含层节点的数量可设置为 8,隐含层可使用 **ReLU** 激活函数。输出层节点的数量为 4(因轮椅数据集中类别的数量为 4),输出层不加激活函数(其中的原因见实验 1-3 的提示(3))。

（2）该神经网络既可使用 torch.nn.Sequential()容器直接创建,也可通过继承 torch.nn.Module 基类的方式先定义再创建,前者更加直观便捷,后者更加灵活并且支持更复杂的神经网络。本书中默认使用后者。

（3）若通过继承 torch.nn.Module 基类定义神经网络类,则可在该类的__init__()方法中创建并初始化神经网络各层的参数,在该类的 forward()方法中实现神经网络正向传播的计算过程,反向传播的计算过程无须人工给出。

（4）可使用 torch.nn.Linear 类实现神经网络各层中的仿射映射,使用 torch.nn.functional.relu()函数实现 ReLU 激活函数。

（5）PyTorch 默认使用服从均匀分布的随机数初始化 torch.nn.Linear 类中的权重和偏差参数,故通常无须考虑神经网络参数的初始化问题。

（6）值得说明的是,创建 torch.nn.Linear 类的对象时,参数 in_features 指的是调用该对象时输入数组最后一维的大小,参数 out_features 指的是输出数组最后一维的大小。

（7）若使用 GPU 训练和评估该神经网络，应将创建出的神经网络类的对象存储在显存中，可使用 to() 方法将该对象从内存迁移至显存。

如果独立编写实验程序仍有困难，可参考附录 A 中经过注释的实验程序。

【实验 1-3】　使用轮椅数据集和 PyTorch 训练上述单隐含层多分类神经网络。

提示：

（1）可使用批梯度下降法训练该神经网络，即每次都使用训练数据集中的全部样本更新神经网络的参数。进一步可使用本书中默认使用的 AdamW 算法训练该神经网络，可通过创建 torch.optim.AdamW 优化器对象并调用该对象的 zero_grad() 方法和 step() 方法实现该算法。

（2）多分类任务中通常使用交叉熵代价函数（或损失函数），可通过创建 torch.nn.CrossEntropyLoss 类的对象计算代价，并调用该对象的 backward() 方法实现反向传播。

（3）需要注意的是，使用 torch.nn.CrossEntropyLoss 类的对象计算代价时，其 input 参数对应的输入应为神经网络输出层中仿射映射的输出（而非 softmax 激活函数的输出，这是神经网络输出层不加激活函数的原因），并且其 target 参数对应的输入的数据类型应为 64 比特的整型（torch.long 型或 torch.int64 型），且取值范围应为 0～$c-1$（c 为类别的数量，这是实验 1-1 中将样本标注的数据类型指定为长整型并将标注的取值范围调整为 $\{0,1,2,3\}$ 的原因）。

（4）训练过程中的学习率可以取 0.1，epoch 的数量（即训练数据集中的全部样本在训练过程中被使用多少遍）可以取 60。

（5）在训练过程的每次迭代中，先调用神经网络类的对象完成正向传播，接着调用 torch.nn.CrossEntropyLoss 类的对象计算代价，然后调用计算出的代价对象的 backward() 方法实现反向传播，最后通过调用 torch.optim.AdamW 优化器对象的 step() 方法更新神经网络的权重和偏差。

（6）需要注意的是，在每次进行反向传播之前，都应调用 torch.optim.AdamW 优化器对象的 zero_grad() 方法将偏导数清零，这是因为每次调用代价对象的 backward() 方法计算出来的偏导数会被累加到之前已有的偏导数上（而不是取代之前已有的偏导数）。

（7）值得说明的是，关于正向传播过程，通常应调用神经网络类的对象完成正向传播（即调用该对象的 __call__() 方法），而不是直接调用该对象的 forward() 方法，这是因为前者除了调用 forward() 方法之外还将调用已注册的钩方法。

（8）使用批梯度下降法训练模型时，可在正向传播中将训练数据集中所有样本的输入向量都输入神经网络，此时神经网络的输入为一个二维数组，该数组第一维的大小为 200（对应 200 个训练样本），第二维的大小为 4（对应 4 维输入向量）。

（9）可以将训练过程中每次迭代计算出的代价保存起来，以便在训练结束后画出代价曲线。此处需要注意的是，保存时应将代价变量从 PyTorch 的计算图中分离出来，例如借助 item()方法或 detach()方法。

（10）可使用 Matplotlib 库绘图。

如果独立编写实验程序仍有困难，可参考附录 A 中经过注释的实验程序。

当神经网络隐含层节点的数量为 8，学习率为 0.1，epoch 的数量为 60，随机种子为 0 时，训练过程中代价函数的值随迭代次数变化的曲线（即代价曲线）如图 1-3 所示（归因于使用批梯度下降法，本实验中的迭代次数等于 epoch 的数量）。从图 1-3 中可以看出，代价函数的值大体上随迭代次数的增加而减小，这表明神经网络的训练取得了进展。代价函数的值在减小过程中存在波动，是因为在神经网络中代价函数通常不是各层权重和偏差的凸函数。在本实验中，尽管并未给出代价函数对神经网络各层权重和偏差的偏导数计算式，但借助于 PyTorch 框架及其自动微分引擎，仍可有效训练神经网络。

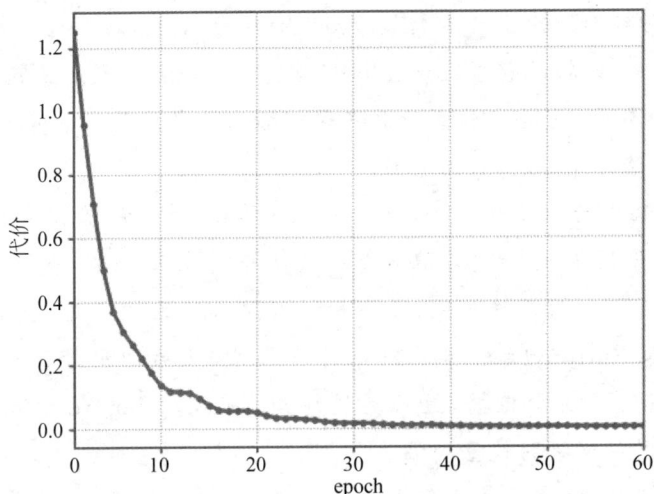

图 1-3 实验 1-3 中的代价曲线

【实验 1-4】 使用轮椅数据集和 PyTorch 评估上述单隐含层多分类神经网络模型，分别给出该模型在训练数据集上和测试数据集上的分类准确度。

提示：

（1）可在训练过程中的每次迭代结束之前，评估当前模型在训练数据集和测试数据集上的分类准确度，并保存这些准确度，以便在训练结束后画出准确度随迭代次数变化的曲线。

（2）在评估模型的性能时，因只需进行正向传播（而无须进行反向传播以及更新模型参数），故此时可开启 PyTorch 提供的仅预测计算模式，以降低模型运行开销，加快运行速度，可使用 torch.inference_mode 上下文管理器开启仅预测模式。

（3）注意在评估开始之前将模型置于评估模式［通过调用其 eval( ) 方法实现］，在训练开始之前将模型置于训练模式［通过调用其 train( ) 方法实现］，这是因为 PyTorch 中用来构建神经网络的一些模块在训练过程中和预测过程中的行为有所差别。尽管本实验不涉及这些模块，但仍建议每次在训练或评估神经网络模型之前都设置其工作模式。

（4）评估模型在测试数据集上的分类准确度时，仍可将测试数据集中所有样本的输入向量一并输入该神经网络模型，此时神经网络的输入仍为一个二维数组，该数组第一维的大小为 108（对应 108 个测试样本），第二维的大小仍为 4（对应 4 维输入特征），尽管该数组的第一维大小有所改变，但第二维的大小并未改变，故无须为此对程序做任何改动，因为在创建神经网络中的 torch.nn.Linear 类的对象时并没有指定其输入数组除最后一维之外的其他各维的大小。

（5）计算多分类任务中的分类准确度可使用 torcheval. metrics. functional. multiclass_accuracy( ) 函数（需先导入 torcheval.metrics 库）。

如果独立编写实验程序仍有困难，可参考附录 A 中经过注释的实验程序。

本实验中模型在训练数据集和测试数据集上的分类准确度随迭代次数变化的曲线如图 1-4 所示。从图 1-4 中可以看出，当迭代次数（或 epoch 的数量）接近 60 时，该神经网络模型在训练数据集上的分类准确度为 1，在测试数据集上的分类准确度接近 1。

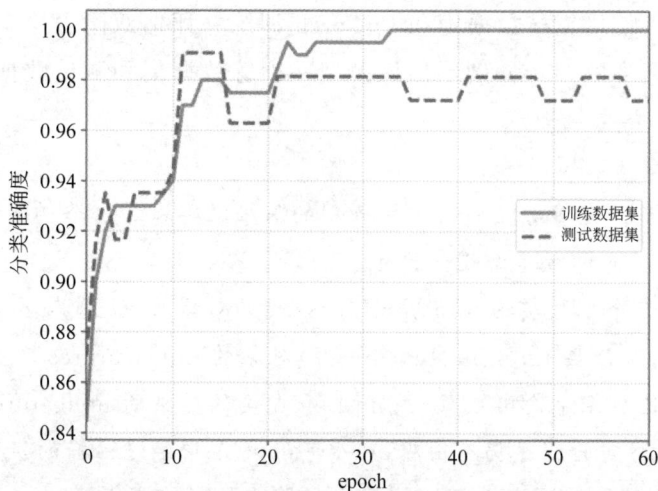

图 1-4　实验 1-4 中的分类准确度曲线

实验 1-4 中的神经网络模型共有 $4\times8+8+8\times4+4=76$ 个权重和偏差参数。也可以使用 PyTorch 框架提供的方法和函数，计算该模型的参数数量。

【实验 1-5】 使用 PyTorch 框架提供的方法和函数，计算上述单隐含层多分类神经网络模型的参数数量。

提示：

（1）可在实验 1-4 的程序中添加一个用来计算模型参数数量的函数，以便在后续实验中调用该函数计算不同模型的参数数量。

（2）神经网络模型的参数可通过模型对象的 parameters() 方法获得。

（3）可使用 torch.numel() 函数获取数组中元素的数量。

（4）可通过神经网络模型参数（tensor 对象）的 requires_grad 属性判断该参数是否为神经网络模型训练过程中需要更新的参数。

如果独立编写实验程序仍有困难，可参考附录 A 中经过注释的实验程序。

实验 1-5 中计算出的神经网络模型的参数数量与根据神经网络计算式得出的权重和偏差参数的数量一致，是 76 个。

1.4 深度神经网络

1.3.3 节中的单隐含层多分类神经网络模型的隐含层共有 8 个节点。如果把这个比较"宽"的前馈神经网络替换为比较"深"的前馈神经网络，而不改变隐含层中节点的总数，将会怎样？例如，把这 8 个节点分散到两个隐含层中，让每个隐含层各有 4 个节点，这样就得到了一个深度神经网络。那么，该深度神经网络模型的性能如何？

【实验 1-6】 使用轮椅数据集和 PyTorch 训练并评估双隐含层多分类神经网络模型（深度神经网络模型），分别给出该模型在训练数据集和测试数据集上的分类准确度。

提示：

（1）可在单隐含层多分类神经网络模型的基础上再添加一个相同的隐含层，并将这两个隐含层中节点的数量都设置为 4。

（2）创建第二个隐含层的 torch.nn.Linear 类的对象时，注意其 in_features 参数的值应等于第一个隐含层 torch.nn.Linear 类的对象的 out_features 参数的值，其 out_features 参数的值应等于输出层 torch.nn.Linear 类的对象的 in_features 参数的值。

如果独立编写实验程序仍有困难，可参考附录 A 中经过注释的实验程序。

当双隐含层多分类深度神经网络模型的隐含层节点数量都为 4，学习率为 0.1，epoch 的数量为 60，随机种子为 0 时，训练过程中的代价曲线如图 1-5(a) 所示，模型在训练数据集和测试数据集上的分类准确度曲线如图 1-5(b) 所示。从图 1-5 中可以看出，当迭代次数接近 60 时，该深度神经网络模型在训练数据集和测试数据集上的分类准确度都为 1。该深度神经网络模型共有 $4\times4+4+4\times4+4+4\times4+4=60$ 个权重和偏差参数，而 1.3.3 节中的单隐含层神经网络模型共有 76 个参数。尽管参数数量更少，但该深度神经网络模型在测试数据集上的分类准确度更高，说明就轮椅数据集和上述设置而言，其泛化性能优于比较"宽"的单隐含层神经网络。

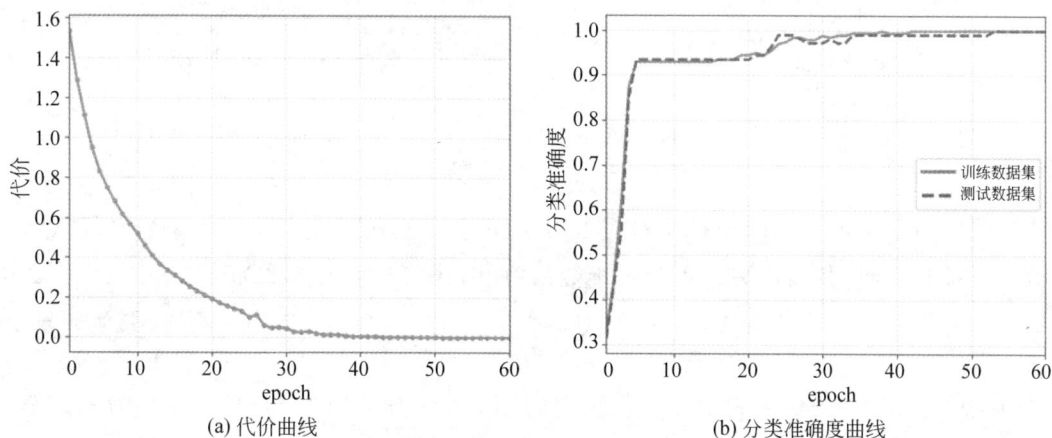

图 1-5　实验 1-6 中的代价曲线和分类准确度曲线

　　实验 1-6 中可用于多分类任务的具有两个隐含层的深度神经网络（前馈神经网络）如图 1-6 所示。为了更加便于理解且简化算式，图 1-6 中以模块的方式给出该神经网络的架构并隐去各个模块中的细节。图 1-6 中箭头右侧的元组给出了箭头所在位置数组的形状。

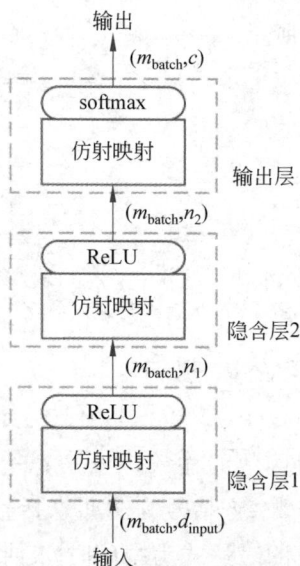

图 1-6　实验 1-6 中的深度神经网络架构

　　图 1-6 中的仿射映射模块、ReLU 激活函数模块、softmax 激活函数模块的输入与输出如图 1-7 所示。图 1-7 中箭头右侧元组中的星号代表任意个元素(即数组中的任意维)。

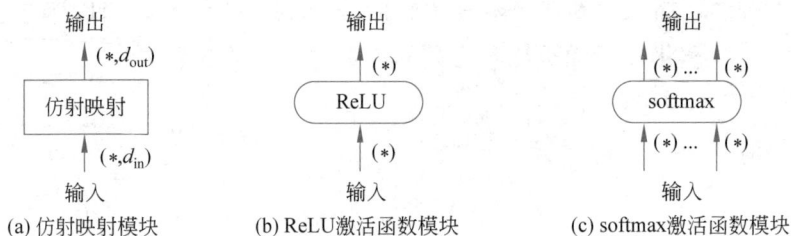

(a) 仿射映射模块　　　　　(b) ReLU激活函数模块　　　　(c) softmax激活函数模块

图 1-7　构成实验 1-6 中的深度神经网络的模块

　　图 1-7(a)中的仿射映射模块对应 PyTorch 中的 torch.nn.Linear 类。当其输入数组为一维数组时,其输出数组也为一维数组,此时仿射映射的算式如下:

$$y_k^{[\text{affine}]} = \sum_{j=1}^{d_{\text{in}}} w_{j,k} x_j^{[\text{affine}]} + b_k \tag{1-1}$$

式(1-1)中,$x_j^{[\text{affine}]}$ 为仿射映射输入数组中的第 j 个元素,$j=1,2,\cdots,d_{\text{in}}$,$d_{\text{in}}$ 为一维输入数组中元素的数量;$y_k^{[\text{affine}]}$ 为仿射映射输出数组中的第 k 个元素,$k=1,2,\cdots,d_{\text{out}}$,$d_{\text{out}}$ 为一维输出数组中元素的数量;$w_{j,k}$ 为权重;b_k 为偏差;$x_j^{[\text{affine}]}$,$y_k^{[\text{affine}]}$,$w_{j,k}$,$b_k \in \mathbb{R}$。当输入数组的维数更多时,可分别对由输入数组最后一维构成的大小为 d_{in} 的一维数组使用式(1-1)。例如,当输入数组为二维数组时,可将由该二维数组最后一维(即矩阵的每一行)构成的大小为 d_{in} 的一维数组分别代入式(1-1),如图 1-8(a)所示;当输入数组为三维数组时,可将由该三维数组最后一维构成的大小为 d_{in} 的一维数组分别代入式(1-1),如图 1-8(b)所示。

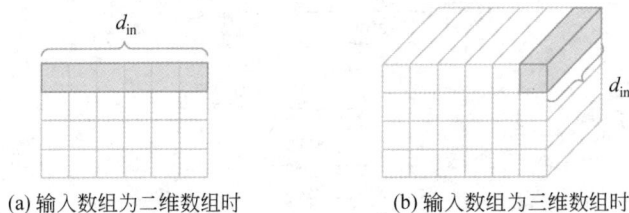

(a) 输入数组为二维数组时　　　　　(b) 输入数组为三维数组时

图 1-8　仿射映射输入数组

　　图 1-7(b)中 ReLU 激活函数的算式如下:

$$y^{[\text{relu}]} = \max(0, x^{[\text{relu}]}) = x^{[\text{relu}]}[x^{[\text{relu}]} > 0] \tag{1-2}$$

式(1-2)中,$x^{[\text{relu}]}$ 为 ReLU 激活函数的输入,$x \in \mathbb{R}$;$y^{[\text{relu}]}$ 为 ReLU 激活函数的输出,$y \in \mathbb{R}^+$;$\max(\cdot)$ 为取最大值函数;方括号为艾弗森括号(Iverson bracket),当艾弗森括号内的条件满足时(即括号内的表达式为"真"时)艾弗森括号的返回值为 1;否则返回值为 0。若 ReLU 激活函数的输入为数组,则分别对输入数组中的每个元素使用式(1-2)。

当输入数组为一维数组时,图 1-7(c)中 softmax 激活函数的算式如下,此时其输出数组也为一维数组。

$$y_k^{[\text{softmax}]} = \frac{e^{x_k^{[\text{softmax}]}}}{e^{x_1^{[\text{softmax}]}} + e^{x_2^{[\text{softmax}]}} + \cdots + e^{x_{d_{\text{in}}}^{[\text{softmax}]}}} = \frac{e^{x_k^{[\text{softmax}]}}}{\sum_{j=1}^{d_{\text{in}}} e^{x_j^{[\text{softmax}]}}} \tag{1-3}$$

式(1-3)中,$x_k^{[\text{softmax}]}$ 为 softmax 激活函数一维输入数组中的第 k 个元素,$x_k^{[\text{softmax}]} \in \mathbb{R}$;$y_k^{[\text{softmax}]}$ 为 softmax 激活函数一维输出数组中的第 k 个元素,$y_k^{[\text{softmax}]} \in (0,1)$;$k=1,2,\cdots,d_{\text{in}}$,$d_{\text{in}}$ 为一维输入数组中元素的数量。若 softmax 激活函数的输入为多维数组,则可对输入数组中的某一维使用式(1-3)。softmax 激活函数输出数组的形状与输入数组的形状相同。

回到图 1-6 中的深度神经网络。该深度神经网络第一个隐含层中仿射映射输入数组的形状为(m_{batch},d_{input}),输出数组的形状为(m_{batch},n_1)[此时式(1-1)中的 $d_{\text{in}}=d_{\text{input}}$,$d_{\text{out}}=n_1$]。其中,$m_{\text{batch}}$ 为输入数组中样本的数量,d_{input} 为样本中输入向量的维数,n_1 为第一个隐含层中节点的数量。因此,第一个隐含层中 ReLU 激活函数的输入和输出都是形状为(m_{batch},n_1)的二维数组。该深度神经网络第二个隐含层中仿射映射的输入是形状为(m_{batch},n_1)的二维数组,输出是形状为(m_{batch},n_2)的二维数组[此时式(1-1)中的 $d_{\text{in}}=n_1$,$d_{\text{out}}=n_2$]。其中,n_2 为第二个隐含层中节点的数量。第二个隐含层中 ReLU 激活函数的输入和输出都是形状为(m_{batch},n_2)的二维数组。该深度神经网络输出层中仿射映射的输入是形状为(m_{batch},n_2)的二维数组,输出是形状为(m_{batch},c)的二维数组[此时式(1-1)中的 $d_{\text{in}}=n_2$,$d_{\text{out}}=c$]。其中,c 为输出层中节点的数量,也是多分类任务中类别的数量。输出层中 softmax 激活函数(在多分类任务中,输出层通常使用 softmax 激活函数)的输入和输出都是形状为(m_{batch},c)的二维数组[对输入数组的最后一维使用式(1-3),其中的 $d_{\text{in}}=c$]。

在"机器学习书"中讨论过,在多分类任务中,可以将神经网络输出层 softmax 激活函数的输出 $y_k^{[\text{softmax}]}$ 看作当神经网络输入向量为 $x(x \in \mathbb{R}^{d_{\text{input}}})$ 时神经网络将该输入向量对应至类别 k 的概率,即 $y_k^{[\text{softmax}]}=p(k|x)$,$k \in \{0,1,\cdots,c-1\}$,$p(\cdot)$ 为概率质量函数。

除了深度学习中常用的 ReLU 激活函数,上述深度神经网络隐含层中的激活函数也可以为其他非线性激活函数。该多分类深度神经网络中的隐含层比"机器学习书"中多分类神经网络中的隐含层多了一层。当然,在深度神经网络中,隐含层的数量还可以更多。

1.5　本书各章之间的联系

本书各章之间的联系如图 1-9 所示。其中，箭头表示上层建立在下层的基础之上。第 2 章至第 4 章侧重讲述 Transformer 架构原理与实践，第 5 章至第 7 章侧重讲述 Transformer 架构应用与实践。

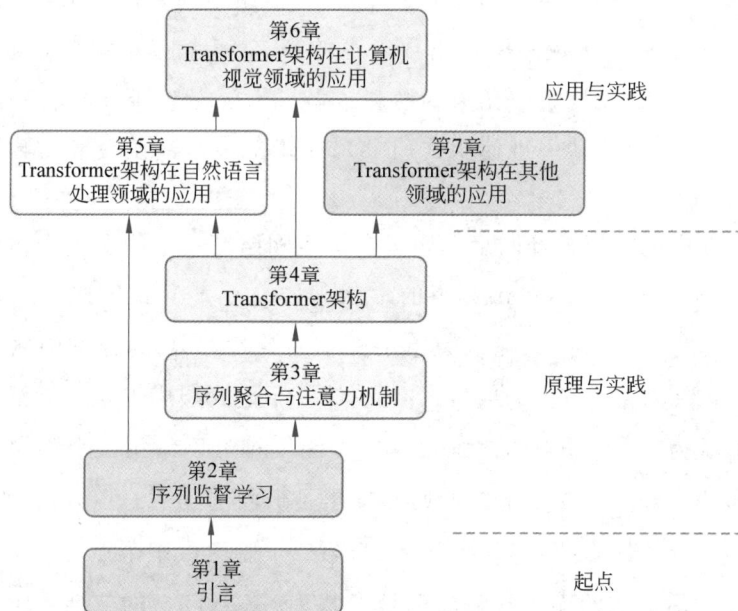

图 1-9　本书各章之间的联系

1.6　本章小结

作为人工智能的一个研究领域，机器学习研究如何使计算机等设备像人类一样学习与行动。深度学习是机器学习的一个研究领域，主要关注如何基于多隐含层神经网络完成机器学习任务。与比较"宽"的单隐含层神经网络相比，比较"深"的多隐含层神经网络的"效率"更高，也可用来避免过拟合。尽管深度学习一词最早出现在 20 世纪 80 年代，但直到 21 世纪 00 年代末，深度学习方法开始在机器学习竞赛中超越其他方法，才引起广泛关注。

深度学习中常用的基本架构包括深度神经网络、卷积神经网络、循环神经网络等。相比于深度神经网络和卷积神经网络等前馈神经网络，循环神经网络的显著优势是可以拟合自变量数量不固定的函数。但因循环神经网络中存在反馈环路，其正向传播过程和反向传播过程的计算路径都相对较长。

2017 年问世的 Transformer 架构既不包含反馈环路,又可用来拟合自变量数量不固定的函数。从结构上看,该架构可进一步分为编解码器型 Transformer、解码器型 Transformer 以及编码器型 Transformer。现有的大语言模型普遍使用 Transformer 架构。大语言模型可用来生成文本,而生成文本也是生成式 AI 的一种形式。除了自然语言处理,Transformer 架构还被应用于计算机视觉等诸多领域。

为了便于实现多层神经网络的反向传播以及便于在 GPU 上运行程序,本书中使用 PyTorch 框架实现深度学习方法。PyTorch 函数(或方法)和类的使用可通过本书中一系列循序渐进的实验逐步掌握。作为入门练习,本章中通过 6 个实验逐步展示了如何借助 PyTorch 框架实现、训练以及评估机器学习中的单隐含层多分类神经网络和双隐含层多分类神经网络。在实验的基础之上,将单隐含层前馈神经网络推广至多隐含层前馈神经网络,即深度神经网络。

1.7 思考与练习

1. 简述机器学习中的 3 个学习范式。

2. 循环神经网络与前馈神经网络有何差别?

3. 相比于神经网络,深度神经网络有哪些优势?

4. 从结构上看,Transformer 架构可分为哪几种类型?

5. Transformer 架构与大语言模型之间有何联系? 可在查找资料后作答。

6. 如何理解数组的形状?

7. 数组的维数与向量的维数二者有何区别?

8. 为什么可以将多分类深度神经网络输出层 softmax 激活函数的输出看作概率?

9. 参考"机器学习书"2.6.6 节(及"深度强化学习书"2.3.1 节),写出如图 1-6 所示的深度神经网络的预测过程计算式。

10. 若使用批梯度下降法训练如图 1-6 所示的深度神经网络,试推导交叉熵代价函数对深度神经网络第一层权重和偏差的偏导数计算式(可参考"机器学习书"2.6.7 节及"深度强化学习书"2.3.2 节)。

11. 自学"深度强化学习书"2.3.3 节并查找 pytorch.org 网站上的相关资料,详述 PyTorch 如何"自动"完成反向传播。

12. 自学"深度强化学习书"2.3.4 节,解释为什么深度神经网络可以比神经网络"效率"更高。

第 2 章

序列监督学习

机器学习中的数据多种多样。其中有一类数据由若干按照某种顺序排列的数值或符号构成,例如,由若干不同时刻的传感器读数构成的传感器数据、由若干顺次出现的字符构成的文本数据。这样的数据被称为序列数据(sequential data)。使用序列数据完成机器学习任务,被称为(机器学习中的)序列学习。

传感器数据是一种时间序列(time series)数据。时间序列是指一系列按照时间先后顺序排列的观测结果。其中,相邻观测之间的时间间隔既可以相等,也可不相等。

除了时间序列数据和文本数据,序列数据还包括视频、语音、音频、用户交互、DNA 等数据。特别地,从一系列按照空间顺序排列的像素这个角度,也可以将图像数据看作序列数据。

尽管序列数据千差万别,但序列数据中的每个数值都可以对应为实数或实向量,序列中若干相邻的符号可对应为若干实数或实向量。由此,可将每一个序列数据都对应为一个实数序列或向量序列。

序列(sequence)是具有特定顺序的项(term)的列表。例如,$(3,1,4,1,5,9)$ 构成一个序列,该序列共有 6 项,故其序列长度为 6。该序列中的每一项都是整数(同时也是实数),故其也是整数序列。本书中,序列的每一项都为实数(包括整数)或向量,同一序列中项的类型一致。

2.1 两种序列监督学习

序列监督学习是指使用序列数据完成包括分类和回归在内的监督学习任务。在序列监督学习中,样本的输入为序列(以下称为输入序列),而样本的标注仍为实数或向量。在分类任务中,样本的标注为代表类别的整数;在回归任务中,样本的标注为实数或向量。值得说明的是,各个样本的输入序列的长度既可以相同,也可以不相同。输入序列长度不一是序列学习的鲜明特点。

样本输入序列中的每一项都为实数(包括整数)或向量。若把实数看作维数为 1

的向量,则可以将输入序列中的各项都记为向量,从而将输入序列记为向量序列。很多时候,序列中每个向量的维数都相同。由此将序列监督学习中的第 i 个样本记为 $((\boldsymbol{x}^{(i)<1>},\boldsymbol{x}^{(i)<2>},\cdots,\boldsymbol{x}^{(i)<t^{(i)}>}),\boldsymbol{y}^{(i)})$。其中,$(\boldsymbol{x}^{(i)<1>},\boldsymbol{x}^{(i)<2>},\cdots,\boldsymbol{x}^{(i)<t^{(i)}>})$ 为第 i 个样本的输入序列,$\boldsymbol{x}^{(i)<j>}$ 为第 i 个样本输入序列中的第 j 项,$\boldsymbol{x}^{(i)<j>}\in\mathbb{R}^{d_{\text{input}}}$,$d_{\text{input}}$ 为输入序列中向量的维数;$j=1,2,\cdots,t^{(i)}$,$t^{(i)}$ 为第 i 个样本输入序列的长度(即项数);$\boldsymbol{y}^{(i)}$ 为第 i 个样本的标注向量,$\boldsymbol{y}^{(i)}\in\mathbb{R}^{d_{\text{label}}}$,$d_{\text{label}}$ 为标注向量的维数。

2.1.1　基于前馈神经网络的序列监督学习

在第 1 章使用的轮椅数据集中,各个样本的输入向量的维数都相同,因此可以使用神经网络、深度神经网络等前馈神经网络基于该数据集完成多分类任务。那么,对于输入序列长度不一的样本,是否仍可使用深度神经网络等前馈神经网络完成监督学习任务?

【想一想】　是否可以使用深度神经网络等前馈神经网络完成序列监督学习任务?

答案是肯定的,因为可以通过填充额外项的方式将长度较短的序列填充为长度较长的序列,从而将长度不一的序列转换为长度相同的序列。

> 股票指数数据集包含 2014—2024 年某股票指数的日涨跌幅(其中的部分日涨跌幅如图 2-1 所示),可用来尝试预测股票指数的涨跌。具体来说,尝试用连续 4~16 个交易日的涨跌幅预测下一个交易日的涨跌情况。连续 4~16 个交易日的涨跌幅构成了长度为 4~16 的实数序列(即向量维数为 1 的向量序列)。由于序列长度不一,可在较短序列的前面填充若干项,每个填充项的值都为 0,从而使得每个序列在填充后的长度都等于最大长度 16,如图 2-2 所示。
>
> stock_trainset.pt 文件包含 26 000 个训练样本,stock_testset.pt 文件包含 6487 个测试样本。每个样本的输入序列为填充后的连续 4~16 个交易日的涨跌幅(每个填充后的输入序列的长度都等于最大长度 16),样本的标注为下一个交易日的涨跌情况,其取值范围为 {0,1}(0 代表"跌",1 代表"涨")。

可通过下面的实验进一步理解上述问题的答案。实验中使用的股票指数数据集可通过扫描二维码下载。

股票指数
数据集

【实验 2-1】　使用深度神经网络和股票指数数据集预测股票指数的涨跌。

提示:

(1) 该监督学习任务为二分类任务,数据集中样本的输入序列为填充后的输入序列,其长度为 16,样本的标注为 0 或 1。

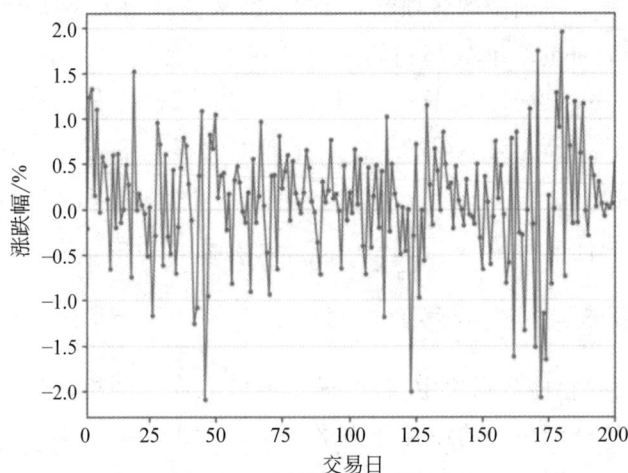

图 2-1　股票指数数据集中的部分日涨跌幅

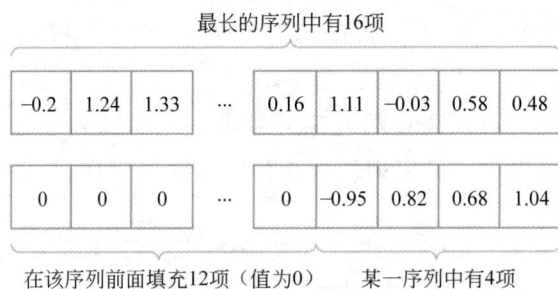

最长的序列中有16项

| −0.2 | 1.24 | 1.33 | ⋯ | 0.16 | 1.11 | −0.03 | 0.58 | 0.48 |

| 0 | 0 | 0 | ⋯ | 0 | −0.95 | 0.82 | 0.68 | 1.04 |

在该序列前面填充12项（值为0）　　某一序列中有4项

图 2-2　股票指数数据集中的序列填充示例

（2）该深度神经网络可包含两个隐含层，每个隐含层中各有 16 个节点。

（3）仍可使用批梯度下降法训练该深度神经网络，学习率可以取 0.01。

（4）可使用 torch.load()函数读取数据集文件，例如：

```
x_train, y_train = torch.load('stock_trainset.pt')
```

x_train 数组保存填充后的输入序列，其形状为（26 000，16）；y_train 数组保存标注，其形状为（26 000）。

（5）可创建 torch.nn.BCEWithLogitsLoss 类的对象计算二分类任务中的交叉熵代价。

（6）计算二分类任务中的分类准确度可使用 torcheval.metrics.functional.binary_accuracy()函数。

如果独立编写实验程序仍有困难，可参考附录 A 中经过注释的实验程序。

当深度神经网络两个隐含层节点的数量都为 16，学习率为 0.01，epoch 的数量为300，随机种子为 0 时，训练过程中的代价曲线如图 2-3（a）所示，该模型在训练数据集和测试数据集上的分类准确度曲线如图 2-3(b)所示。该实验结果表明,我们可以使用深度神经网络等前馈神经网络来完成序列监督学习任务,尽管此时前馈神经网络的输入需为填充后的等长序列。本实验中,该模型在测试数据集上的分类准确度并不够理想(二分类任务中的分类准确度仅略高于 0.5),这表明仅根据历史涨跌幅不易准确预测股票指数的涨跌,毕竟影响股票指数涨跌的因素较多。

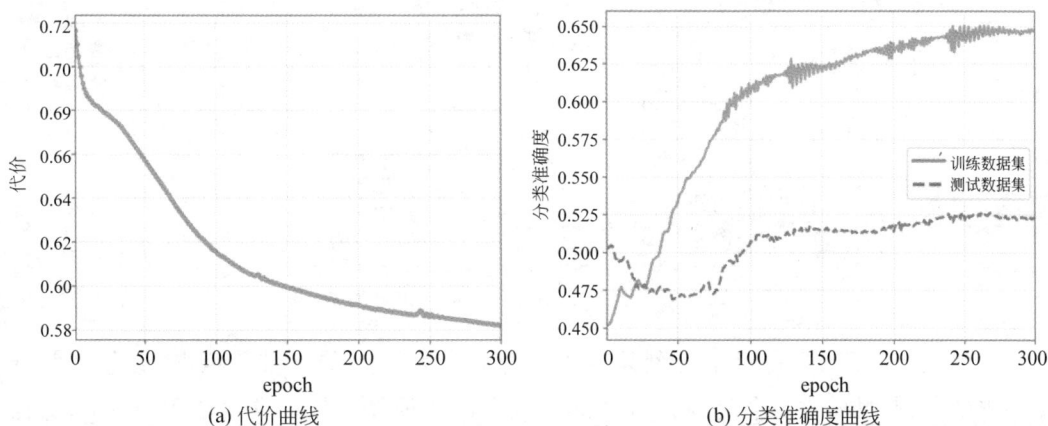

(a) 代价曲线　　　　　　　　(b) 分类准确度曲线
图 2-3　实验 2-1 中的代价曲线和分类准确度曲线

　　尽管在样本输入序列中填充值为 0 的项并不影响最终计算结果,但会给深度神经网络的正向传播和反向传播过程带来额外的计算量。一种无须填充输入序列的序列监督学习方法是利用循环神经网络进行序列监督学习。

2.1.2　基于循环神经网络的序列监督学习

　　埃尔曼网络(Elman network)是一种基本的循环神经网络,它在单隐含层前馈神经网络的基础之上增加了一个从隐含层到输入层的反馈环路。图 2-4 给出了可用于二分类任务的埃尔曼网络。该神经网络中有一个隐含层。由于存在反馈环路,该隐含层的输入既包括当前时刻神经网络的输入(大小为 d_{input} 的一维数组),也包括上一时刻隐含层的输出(大小为 n 的一维数组)。这两个一维数组首尾相连,组成一个大小为 $d_{input}+n$ 的一维数组,构成隐含层仿射映射的输入数组。隐含层仿射映射的输出为大小为 n 的一维数组,即隐含层节点的数量为 n。隐含层的激活函数既可以使用 ReLU 激活函数,也可以使用 tanh 等非线性激活函数。隐含层输出的大小为 n 的一维数组既作为当前时刻输出层的输入,也作为下一时刻隐含层的输入。这里的上一时刻、当前时刻和下一时刻指的都是时间上的一步(time step)。由于隐含层在第 1 个时刻的输出在第 2 个时刻才反馈至隐含层输入,故隐含层在第 1 个时刻的反馈输入无从知晓,因此通常将隐含层在第 1 个时刻的反馈输入人工设置为各个元素全为 0 的大小为 n 的一维数组。由于用于二分类任务,该神经网络的输出层只需一个节点,且输出层通常使用 sigmoid 激活函数。

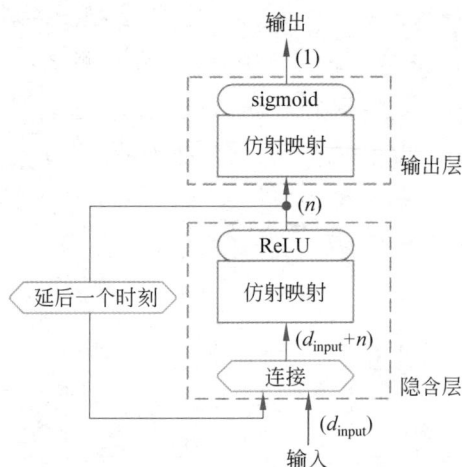

图 2-4 可用于二分类任务的埃尔曼网络

该循环神经网络在每个时刻只输入一个大小为 d_{input} 的一维数组，故 t 个大小为 d_{input} 的一维数组需要 t 个时刻方可全部输入至循环神经网络。这 t 个大小为 d_{input} 的一维数组构成了长度为 t 的输入序列 $(x^{<1>}, x^{<2>}, \cdots, x^{<t>})$，该序列中的每一项都为 d_{input} 维向量 $(x^{<1>}, x^{<2>}, \cdots, x^{<t>} \in \mathbb{R}^{d_{input}})$，如图 2-5 所示。图 2-5 中的 RNN 表示循环神经网络，包括由图 2-4 给出的循环神经网络。在每个时刻，循环神经网络的输出层都输入一个大小为 n 的一维数组，故在每个时刻循环神经网络的输出层都可以输出一个预测值（图 2-5 中的 $\hat{y}^{<1>}, \hat{y}^{<2>}, \cdots, \hat{y}^{<t>}$）。不过，在二分类任务中，通常只有最后一个时刻（第 t 个时刻，以下简称 t 时刻）输出的预测值 $\hat{y}^{<t>}$ 被用来给出二分类结果（因为只有在 t 时刻输入序列中的每一项才全部被输入至循环神经网络）。循环神经网络对输入序列的长度 t 没有要求，因此不同长度的输入序列都可以输入至同一个循环神经网络，这是循环神经网络的优势。

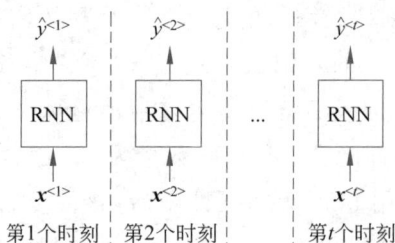

图 2-5 循环神经网络的输入序列、输出预测值以及时刻

图 2-4 中的连接（concatenation）模块、时延模块、sigmoid 激活函数模块的输入与输出如图 2-6 所示。图中箭头右侧（以及左侧）元组中的星号代表任意个元素（即数组中的任意维）。

(a) 连接模块　　　(b) 时延模块　　　(c) sigmoid激活函数模块

图 2-6　图 2-4 中的部分模块

图 2-6(a)中的连接模块将两个输入数组在某一维（例如最后一维）上首尾相连成为一个数组。若两个输入数组在该维上的大小分别为 d_{in1} 和 d_{in2}，则输出数组在该维上的大小等于 $d_{in1}+d_{in2}$。需要注意的是，两个输入数组在其他各维上的大小应相同。例如，两个形状分别为$(n_{example},d_{in1})$和$(n_{example},d_{in2})$的二维数组在最后一维上连接将得到一个形状为$(n_{example},d_{in1}+d_{in2})$的数组，如图 2-7 所示。

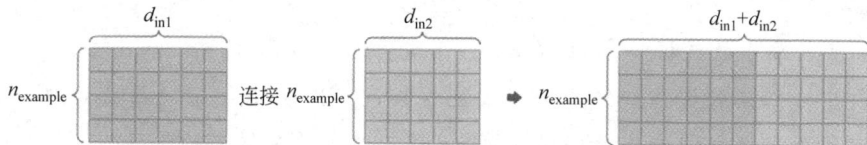

图 2-7　数组连接示例

图 2-6(b)中的时延模块起到延后一个时刻的作用，即该模块在 t' 时刻的输出 $y^{[delay]<t'>}$ 为该模块在 $t'-1$ 时刻的输入 $x^{[delay]<t'-1>}$，如式(2-1)所示：

$$y^{[delay]<t'>}=x^{[delay]<t'-1>} \tag{2-1}$$

式(2-1)中，$t'=2,3,\cdots,t$。

图 2-6(c)中 sigmoid 激活函数的算式如下：

$$y^{[sigmoid]}=\frac{1}{1+e^{-x^{[sigmoid]}}}=\frac{e^{x^{[sigmoid]}}}{e^{x^{[sigmoid]}}+1} \tag{2-2}$$

式(2-2)中，$x^{[sigmoid]}$ 为 sigmoid 激活函数的输入，$x^{[sigmoid]}\in\mathbb{R}$；$y^{[sigmoid]}$ 为 sigmoid 激活函数的输出，$y^{[sigmoid]}\in(0,1)$；e 为自然常数。若 sigmoid 激活函数的输入为数组，则分别对输入数组中的每个元素使用式(2-2)。

从图 2-4 和图 2-5 中可以看出，循环神经网络之所以能够支持长度可变的输入序列，是因为其先通过带有反馈环路的隐含层将输入序列中的各项依次"合并"在一起（每个时刻"合并"一项），在最后时刻（t 时刻）得到一个"合并"后的大小为 n 的一维数组，再将这个大小固定的一维数组输入至输出层得到预测值 $\hat{y}^{<t>}$。根据"机器学习书"可知，可以将输出层 sigmoid 函数输出的预测值 $\hat{y}^{<t>}$ 看作当循环神经网络的输入序列为$(x^{<1>},x^{<2>},\cdots,x^{<t>})$时循环神经网络将该输入序列对应至类别 1 的概率，即 $\hat{y}^{<t>}=p(k\mid x^{<1>},x^{<2>},\cdots,x^{<t>}),k=1$。

综上所述，从本质上看，循环神经网络先借助反馈环路将输入序列中的各项"合并"在一起，得到一个大小固定的一维数组，然后再使用逻辑回归、线性回归、神经网络、深度神经网络等方法将该大小固定的数组对应为循环神经网络的输出。

接下来，尝试使用上述二分类循环神经网络预测股票指数的涨跌。

> 　　股票指数数据集中的 stock_trainset_packed.pt 文件包含 26 000 个训练样本，stock_testset_packed.pt 文件包含 6487 个测试样本。这两个数据集文件与实验 2-1 中两个数据集文件之间的主要差别在于：这两个文件中样本的输入序列未被填充至等长序列，且输入序列被保存在 PackedSequence 对象中。PyTorch 中的 PackedSequence 类用来存储长度不一的多个序列。

【实验 2-2】　使用循环神经网络和股票指数数据集预测股票指数的涨跌。

提示：

(1) 从股票指数数据集中的 stock_trainset_packed.pt 和 stock_testset_packed.pt 两个文件中分别读取训练数据集和测试数据集，使用 torch.load() 函数读取数据集文件时返回的第一个数组为样本的输入序列，第二个数组为样本的标注。

(2) 可使用 torch.nn.RNN 类实现埃尔曼网络中的隐含层及反馈环路。

(3) 创建 torch.nn.RNN 类的对象时需要给出的参数 input_size 指的是输入序列中每一项的元素数量。因股票指数数据集输入序列中的每一项都为实数（而非向量），故本实验中的 input_size 为 1。

(4) 创建 torch.nn.RNN 类的对象时需要给出的参数 hidden_size 为隐含层中的节点数量。本实验中隐含层节点的数量可以取 24。

(5) 创建 torch.nn.RNN 类的对象时可通过参数 nonlinearity 设置隐含层的激活函数。本实验中隐含层节点的激活函数可使用 ReLU 函数。

(6) 可将创建 torch.nn.RNN 类的对象时的参数 batch_first 设置为 True，以便兼容本实验中的输入序列数组。

(7) 可将调用 torch.nn.RNN 类的对象得到的第二个返回值输入神经网络的输出层。

(8) 仍可使用批梯度下降法训练该神经网络（本实验中已使用 PackedSequence 对象将长度不一的输入序列"打包"），学习率可以取 0.01。

如果独立编写实验程序仍有困难，可参考附录 A 中经过注释的实验程序。

当埃尔曼网络中隐含层节点的数量为 24，学习率为 0.01，epoch 的数量为 600，随机种子为 0 时，训练过程中的代价曲线如图 2-8(a) 所示，该模型在训练数据集和测试数据集上的分类准确度曲线如图 2-8(b) 所示。本实验与实验 2-1 的结果表明，使用循环神经网络可以获得与深度神经网络相仿的分类准确度。

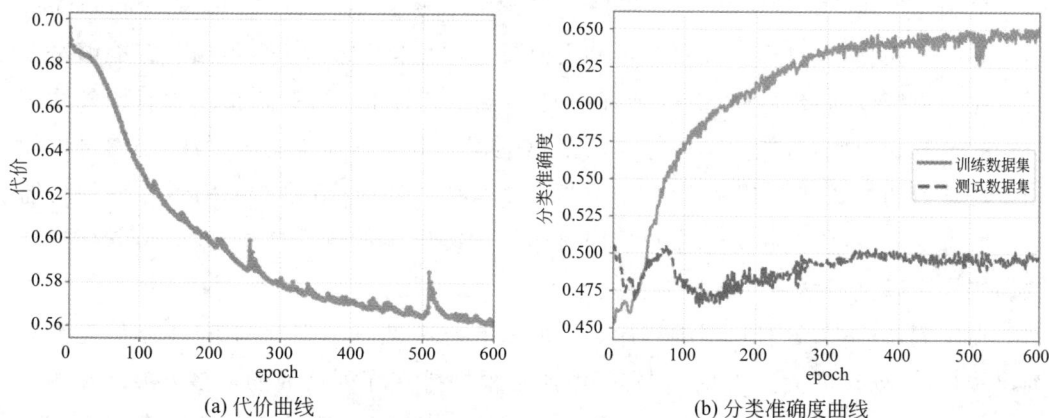

(a) 代价曲线　　　　　　　　　　　(b) 分类准确度曲线

图 2-8　实验 2-2 中的代价曲线和分类准确度曲线

　　尽管在本节中以相对简单的二分类任务为例演示如何使用前馈神经网络和循环神经网络完成序列监督学习任务，然而类似的方法同样可以应用在多分类任务、回归任务等其他监督学习任务之中。

　　在序列监督学习任务中，前馈神经网络和循环神经网络各有不足之处：由于前馈神经网络在结构上不支持任意长度的输入序列，故使用前馈神经网络时需要将各个输入序列都填充至相同长度，因此增加了正向传播和反向传播中的计算量（归因于输入序列的平均长度增大）；尽管循环神经网络在结构上支持任意长度的输入序列，使用循环神经网络无须填充输入序列，但循环神经网络中的计算路径比较长（归因于存在反馈环路），并且输入序列的长度越长，计算路径越长。此外，在训练循环神经网络时，可能会出现梯度消失问题（vanishing gradient problem，即随着输入序列长度的增加，反向传播中输入序列第一项对偏导数的"贡献"越来越小）和梯度爆炸问题（exploding gradient problem，即随着输入序列长度的增加，反向传播中输入序列第一项对偏导数的"贡献"越来越大，使得偏导数的绝对值越来越大，梯度下降法中的步长越来越大，从而导致代价函数的值不降反升）。

2.2　序列预测

　　在序列监督学习中，有一种特殊情况：训练样本的标注恰好是其输入序列的下一项。使用这样的训练样本训练出来的监督学习模型可用来根据序列中的已有项预测序列的下一项。这种根据序列中的已有项预测序列下一项的任务称为序列预测（sequence prediction）。当然，更一般地，可以根据序列中的已有项预测序列中的任何项。例如，根据若干连续交易日的股票指数涨跌幅预测下一个交易日的股票指数涨跌幅，是序列预测任务。

更确切地说，序列预测是一种自监督学习任务。自监督学习（Self-Supervised Learning，SSL）是一种介于监督学习和无监督学习之间的机器学习范式，它能够基于无标注的数据以监督学习的方式训练模型。这里的无标注数据是指不含有预先给定标注的数据。因此，若能根据无标注数据"自动"给出训练样本中的标注，仍然可以使用监督学习的方式训练模型。例如，在"机器学习书"中介绍的自编码器是一种自监督学习方法，因其将同一无标注数据同时作为训练样本的输入向量和标注，并用这样的训练样本以监督学习的方式训练模型。

在序列预测中，尽管可以根据序列中的所有已有项预测序列的下一项，但是当序列比较长（序列长度大于 l）时，在实际中通常根据排在序列后面的至多 l 项来预测序列的下一项。这样做不仅可以简化序列预测任务，还可以从单个较长的已知序列中划分出多个样本。

例如，可从单个较长的已知序列（$s^{<1>}$，$s^{<2>}$，…，$s^{<l>}$，…）中划分出样本（（$s^{<i-t>}$，$s^{<i-t+1>}$，…，$s^{<i-2>}$，$s^{<i-1>}$），$s^{<i>}$）。其中，t 为样本输入序列的长度（即项数），$1 \leqslant t \leqslant l$；$l$ 为样本输入序列的最大长度，也称为上下文窗口长度（length of the context window）；$i = 2,3,4,\cdots$；$s^{<1>}$，$s^{<2>}$，…，$s^{<l>}$，…$\in \mathbb{R}^{d_{input}}$，$d_{input}$ 为已知序列中各个向量的维数。为了简化记法，将如此得到的任一样本记为（（$x^{<1>}$，$x^{<2>}$，…，$x^{<t-1>}$，$x^{<t>}$），$x^{<t+1>}$）。其中，（$x^{<1>}$，$x^{<2>}$，…，$x^{<t-1>}$，$x^{<t>}$）为样本的输入序列，其长度为 t；$x^{<t+1>}$ 为样本的标注；$x^{<1>}$，$x^{<2>}$，…，$x^{<t>}$，$x^{<t+1>} \in \mathbb{R}$。

> 莫尔斯码用点（dot）和划（dash）表示字母、数字和标点符号等字符，并用两种不同间隔分别隔开字符和单词。因此，一段文字的莫尔斯码可以用一个整数序列表示，该序列中各项的取值为 0、1、2、3（分别对应字符间隔、划、点、单词间隔）。
>
> 将两篇相关短文的莫尔斯码作为两个序列，按照本节中的方法从这两个序列中分别划分出若干训练样本和若干测试样本，得到莫尔斯码数据集。其中，样本输入序列的最大长度为 16，样本的标注为输入序列的下一项；测试样本与训练样本不重复。
>
> 莫尔斯码数据集 I 中的 morsecode_trainset_packed.pt 文件包含 486 568 个训练样本，morsecode_testset_packed.pt 文件包含 12 315 个测试样本。这两个文件中样本的输入序列未被填充至等长序列，且输入序列被保存在 PackedSequence 对象中。在莫尔斯码数据集 I 中，样本的输入序列为整数序列对应的独热向量序列，样本的标注为整数。

有了可用于训练模型的样本，就可以尝试使用循环神经网络等可用于序列监督学习的方法完成序列预测任务。在以下实验中,将使用莫尔斯码数据集Ⅰ,该数据集可通过扫描二维码下载。

莫尔斯码
数据集Ⅰ

【实验 2-3】　使用循环神经网络和莫尔斯码数据集Ⅰ预测输入序列的下一项。

提示:

(1) 因莫尔斯码数据集Ⅰ的序列中每一项的值都为 4 个整数($\{0,1,2,3\}$)之一,且这 4 个整数对应的是 4 个类别(字符间隔、划、点、单词间隔),故可将该序列预测任务看作序列监督学习中的多分类任务(其中的类别数量为 4)。

(2) 为了便于输入循环神经网络,莫尔斯码数据集Ⅰ中已将整数序列转换为独热向量序列(每个整数转换为一个独热向量),即样本的输入序列为独热向量序列,但样本的标注仍为整数(而非独热向量)。

(3) 使用 torch.load() 函数读取数据集文件时返回的第一个数组为样本的输入序列,第二个数组为样本的标注。

(4) 创建 torch.nn.RNN 类的对象时,参数 input_size 的值应为 4,因为样本输入序列中每一项都是维数为 4 的独热向量(每个独热向量中只有 1 个元素的值为 1,其他元素的值为 0)。

如果独立编写实验程序仍有困难,可参考附录 A 中经过注释的实验程序。

当循环神经网络中隐含层节点的数量为 32,学习率为 0.01,epoch 的数量为 1000,随机种子为 0 时,训练过程中的代价曲线如图 2-9(a)所示,该模型在训练数据集和测试数据集上的分类准确度曲线如图 2-9(b)所示。尽管 epoch 的数量有所增加,本实验中代价函数的值仍比较大,一个原因是实验中使用的模型相对“简单”,另一个原因是训练数据集Ⅰ中输入序列与标注之间的对应关系相对“复杂”。后者归因于莫尔斯码数据集Ⅰ中输入序列的长度有限(不超过 l,$l=16$),这导致在从同一序列中划分出的多个训练样本中可能存在相同输入序列对应截然不同的标注的情况,给模型拟合训练样本带来挑战。

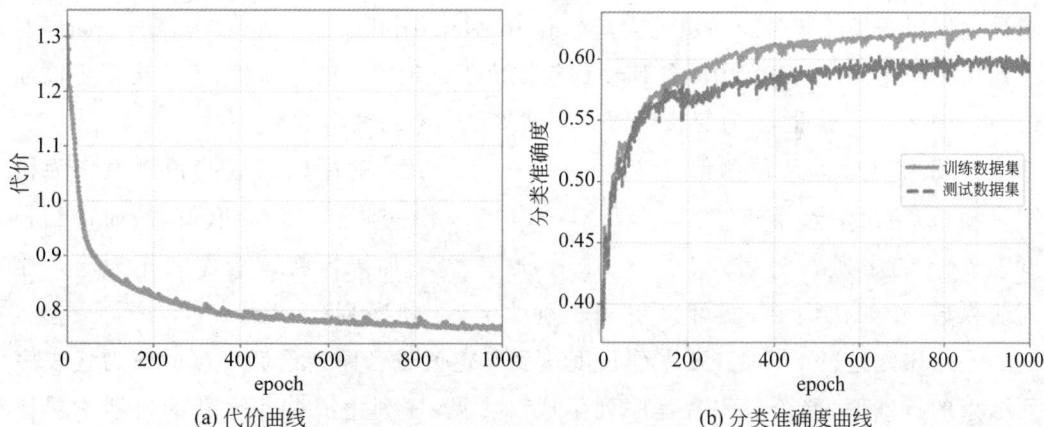

(a) 代价曲线　　　　　　　　　　(b) 分类准确度曲线

图 2-9　实验 2-3 中的代价曲线和分类准确度曲线

实验 2-3 中训练样本的标注为代表类别的整数，故可将序列预测任务看作序列监督学习中的多分类任务。当训练样本的标注为实数或向量时（此时样本输入序列中的各项也为实数或向量），可将序列预测任务看作序列监督学习中的回归任务，在训练过程中可使用均方误差等代价函数（或损失函数）。

2.3 序列生成

就 2.2 节中给出的已知序列 $(s^{<1>}, s^{<2>}, \cdots, s^{<l>}, \cdots)$ 而言，一种特殊情况是，序列中每一项都是非负整数，并且每一项的取值范围都是同一个有限集。此时，可以将从该已知序列中划分出的样本记为 $((x^{<1>}, x^{<2>}, \cdots, x^{<t-1>}, x^{<t>}), x^{<t+1>})$。其中，$x^{<1>}, x^{<2>}, \cdots, x^{<t>}, x^{<t+1>} \in \{0, 1, 2, \cdots, c-1\}$，$c$ 为取值集合中元素的数量。

这种情况下的序列预测任务也是分类任务（因可将样本的标注看作代表类别的整数）。而在多分类任务中，可以将模型输出的预测值向量（输出层 softmax 激活函数输出的向量）中的各个元素看作模型根据其输入给出的分类结果为各个类别的概率。因此，在这种情况下的序列预测任务中，可以将模型输出的预测值向量中的各个元素看作模型根据其输入序列给出的输入序列下一项取各个可取值的概率。若 $(x^{<1>}, x^{<2>}, \cdots, x^{<t-1>}, x^{<t>})$ 为模型的输入序列，$\hat{\boldsymbol{y}}^{<t>}$ 为模型在 t 时刻输出的预测值向量，$\hat{\boldsymbol{y}}^{<t>} = (\hat{y}_1^{<t>}, \hat{y}_2^{<t>}, \cdots, \hat{y}_c^{<t>})$，$c$ 为分类任务中类别的数量（也就是序列中每一项可取值的数量），则有

$$\hat{y}_j^{<t>} = p(j-1 \mid x^{<1>}, x^{<2>}, \cdots, x^{<t>}) \tag{2-3}$$

式（2-3）中，$\hat{y}_j^{<t>}$ 为预测值向量 $\hat{\boldsymbol{y}}^{<t>}$ 中的第 j 个元素；$p(j-1|x^{<1>}, x^{<2>}, \cdots, x^{<t>})$ 为输入序列 $(x^{<1>}, x^{<2>}, \cdots, x^{<t>})$ 的下一项 $x^{<t+1>}$ 取值为 $j-1$ 的概率；$j = 1, 2, \cdots, c$。

值得说明的是，在上述情况下，2.2 节中的从已知序列中划分出若干样本的方法隐含地使用变长离散时间马尔可夫链（variable-length discrete-time Markov chain）对序列预测问题建模：序列中的任何项都仅取决于该项前面的 t 项（而不取决于更前面的项），$1 \leqslant t \leqslant l$。这里，$l$ 为变长离散时间马尔可夫链的最高阶。

在使用模型得到预测值 $\hat{y}_1^{<t>}, \hat{y}_2^{<t>}, \cdots, \hat{y}_c^{<t>}$ 后，就可以将这些预测值作为概率，（随机）给出输入序列 $(x^{<1>}, x^{<2>}, \cdots, x^{<t>})$ 下一项 $x^{<t+1>}$ 的取值，从而得到长度为 $t+1$ 的序列 $(x^{<1>}, x^{<2>}, \cdots, x^{<t>}, x^{<t+1>})$。如果再将这个序列作为输入序列输入模型，如法炮制，就可以得到长度为 $t+2$ 的序列 $(x^{<1>}, x^{<2>}, \cdots, x^{<t+1>}, x^{<t+2>})$；如此进行下去，直到序列长度达到既定值或者序列最后一项的值为代表序列结束的特殊值，这个过程就是序列生成。可见，序列生成并非全新的机器学习任

务,其只是在序列预测的基础上通过预测输入序列下一项取各个值的概率不断生成序列中的后续项。序列生成任务的鲜明特点之一是生成的序列的长度可以不固定。

【想一想】　当生成的序列的长度超过输入序列的最大长度 l 时,是否还可以继续生成该序列的后续项?

在模型的训练过程中,由于模型输入序列的长度没有超过最大长度 l,故在预测过程中模型输入序列的长度通常也应小于或等于最大长度 l(否则模型的预测准确度将超出能够评估的范围,毕竟训练样本和测试样本中输入序列的长度都不超过最大长度 l)。当生成的序列的长度超过最大长度 l 时,可以将生成的序列的后 l 项作为输入序列输入模型,继续生成序列的下一项。尽管如此,本书默认生成的序列的长度不超过 $l+1$(即当输入序列的长度达到最大长度 l 时,最后再生成一项)。

根据预测值 $\hat{y}_1^{<t>}, \hat{y}_2^{<t>}, \cdots, \hat{y}_c^{<t>}$ 给出的多个概率得到序列下一项的值有多种方法。其中的一个基本方法是,直接取这些概率中的最大值对应的值作为序列下一项的值,如式(2-4)所示。这种方法也被称为贪婪方法。

$$x^{<t+1>} = (\arg \max_{j} \hat{y}_j^{<t>}) - 1 \tag{2-4}$$

式(2-4)中,$\arg \max$ 表示取使目标函数值 $x^{<t+1>}$ 最大的自变量值 $\hat{y}_j^{<t>}$,$j=1,2,\cdots,$ c。尽管这种方法相对简单直观,但是由于在生成序列的每一项时都是确定地选择使概率最大的值,因此使用这种方法生成的序列缺乏多样性。

在生成序列时引入随机性可增加生成序列的多样性。为了在引入随机性的同时尽量保持序列预测的准确度,可考虑在一定范围内引入随机性,例如使用 top-k 方法或 top-p 方法。

top-k 方法是指仅在前 k 个概率最大值对应的 k 个取值中依照概率从中随机抽取一个。若前 k 个概率之和小于 1,则先将这 k 个概率乘以一个相同的系数,使得这 k 个概率之和等于 1(归一化),再按照归一化后的概率从上述 k 个值中随机抽取一个。top-k 中的 k 是预先设置的超参数。

top-p 方法中的 p 也是超参数,用来给出累积概率。在 top-p 方法中,先将 c 个概率按照从大到小的顺序排序,再按照该顺序依次累加概率(每次累加一个概率),直到累加和超过 p 为止,将此时已累加的概率的数量记为 k。然后使用 top-k 方法,在前 k 个概率最大值对应的 k 个值中依照归一化后的概率从中随机抽取一个。

下面 3 个实验在实验 2-3 的基础上分别使用贪婪方法、top-k 方法、top-p 方法生成序列。

【实验 2-4】　在实验 2-3 的基础上,使用贪婪方法生成序列。

提示：

（1）可人工给出一个输入序列，其长度不超过 16（因莫尔斯码数据集 I 中输入序列的最大长度为 16），输入序列中各项的取值范围是 $\{0,1,2,3\}$，在该输入序列基础上生成序列，生成的序列的长度不超过 17。

（2）由于实验 2-3 中循环神经网络模型的输入序列为独热向量序列，故在将本实验中的输入序列输入循环神经网络模型之前，应先将输入序列中的各项（非负整数）转换为独热向量，可使用 torch.nn.functional.one_hot() 函数。

（3）可使用 torch.argmax() 函数给出数组中所有元素的最大值的索引，使用 torch.cat() 函数将两个或多个数组连接在一起（成为一个数组），使用 torch.reshape() 函数改变数组的形状。

如果独立编写实验程序仍有困难，可参考附录 A 中经过注释的实验程序。

当初始输入序列为（0），随机种子为 0 时，本实验中生成的序列为（0，2，2，2，0，3，0，2，1，1，0，2，2，0，2，1，2）。这里的 0 代表字符间隔，1 代表划，2 代表点，3 代表单词间隔。

【实验 2-5】 在实验 2-3 的基础上，使用 top-k 方法生成序列。

提示：

（1）可使用 torch.nn.functional.softmax() 函数实现 softmax 激活函数，使用 torch.sort() 函数对数组中的元素进行排序。

（2）可使用 torch.multinomial() 函数以给定的概率随机抽取非负整数，其中各个给定概率之和无须为 1。

（3）本实验中 top-k 方法的超参数 k 可以取 2。

如果独立编写实验程序仍有困难，可参考附录 A 中经过注释的实验程序。

当 top-k 方法中的 k 为 2、初始输入序列为（0）、随机种子为 0 时，本实验中生成的序列为（0，1，1，1，0，1，2，0，2，2，2，0，2，0，2，1，2）。

【实验 2-6】 在实验 2-3 的基础上，使用 top-p 方法生成序列。

提示：

（1）可使用 torch.cumsum() 函数计算数组中元素的累积和。

（2）本实验中 top-p 方法的超参数 p 可以取 0.6。

如果独立编写实验程序仍有困难，可参考附录 A 中经过注释的实验程序。

当 top-p 方法中的 p 为 0.6，初始输入序列为（0），随机种子为 0 时，本实验中生成的序列为（0，2，1，2，0，2，2，2，0，3，0，1，2，2，0，2，1）。

2.4　本章小结

　　序列数据是机器学习中的一类常见数据,包括时间序列、文本、视频、语音、音频、用户交互等数据,其由按照某种顺序排列的若干数值或符号构成。在使用机器学习(包括深度学习)方法学习序列数据之前,需将其中的数值或符号对应为实数或向量。序列数据中不同序列的长度往往并不相同,这给序列学习带来了挑战。

　　在序列监督学习中,各个样本的输入序列的长度可能有所不同。在(通过填充等方式)将长度不一的输入序列转换为长度相同的输入序列之后,仍可使用深度神经网络等前馈神经网络完成序列监督学习任务。也可以使用循环神经网络等支持不等长输入序列的神经网络完成序列监督学习任务。从本质上看,循环神经网络使用其中的反馈环路将输入序列中的各项"合并"在一起,然后再使用逻辑回归、线性回归、神经网络、深度神经网络等方法将"合并"后得到的维数固定的向量对应为循环神经网络的输出。归因于循环神经网络使用反馈环路"合并"输入序列中的各项,循环神经网络中计算路径的长度随输入序列长度的增加而增加。

　　序列预测是序列监督学习中的一种特殊情况:训练样本的标注恰好是其输入序列的下一项。由于训练样本的标注和输入序列都来自已知序列(因而无须预先给出标注),序列预测也是自监督学习任务,仍可使用循环神经网络等可用于序列监督学习的方法完成序列预测任务。训练出来的模型可用来预测输入序列的下一项。

　　特别地,当序列预测任务中训练样本的标注及输入序列的每一项都是非负整数并且取值范围都是同一个有限集时,可将模型输出的预测值向量中的各个元素看作模型根据其输入序列给出的输入序列的下一项取各个可取值的概率。根据这些概率,可以使用贪婪方法、top-k 方法、top-p 方法等给出输入序列下一项的值,即为输入序列生成一项。如此进行下去,就可以在原有输入序列的基础之上生成一个更长的序列。每次生成的序列的长度可以不相同,并且给出各个生成项的取值时可以存在一定的随机性,这是序列生成任务的鲜明特点。

2.5　思考与练习

　　1. 什么是序列数据?什么是序列?二者之间有何联系?

　　2. 什么是序列监督学习?它与"机器学习书"中的监督学习相比有何特别之处?

　　3. 为什么可以使用前馈神经网络完成序列监督学习任务?使用前馈神经网络完成序列监督学习任务有哪些优势与劣势?

4. 给出一个可用于二分类任务的埃尔曼网络。

5. 如何理解循环神经网络？

6. 序列监督学习、序列预测、序列生成三者之间有何联系？

7. 如何理解自监督学习？

8. 为什么说 2.2 节中的从已知序列中划分出若干样本的方法隐含地使用变长离散时间马尔可夫链？

9. 如何生成一个序列？

10. 简述贪婪方法、top-k 方法以及 top-p 方法。

第 3 章

序列聚合与注意力机制

循环神经网络支持任意长度的输入序列,利用其中的反馈环路可以将输入序列中的各项"合并"在一起。把长度可变的序列中的各项"合并"在一起的过程在本书中称为序列聚合。

使用反馈环路聚合序列,无须填充输入序列,因此可避免给神经网络的正向传播和反向传播过程带来额外的计算量。不过,使用反馈环路聚合序列将导致循环神经网络中的计算路径比较长,从而增加训练过程和预测过程的计算时长,并且训练过程中可能会出现梯度消失或梯度爆炸问题。

那么,是否有不使用反馈环路的序列聚合方法?本章介绍两种方法,分别是基于标量投影的序列聚合方法和选择性序列聚合方法。

3.1 基于标量投影的序列聚合

在讨论序列聚合方法之前,先明确序列聚合方法的输入。在序列监督学习中,样本输入序列的各项既可以是表示数值的实数或向量,也可以是代表类别的整数。若输入序列的各项为实数或向量,则可以直接将输入序列作为序列聚合方法的输入;若输入序列的各项为代表类别的整数,则需要先对这些整数进行独热编码,将每个整数都对应为一个 c 维的独热向量。其中,c 为类别的数量。如果 c 较大,还可以进一步使用线性回归等方法将每个 c 维的独热向量映射为维数较小的向量。再将由独热向量或维数较小的向量构成的序列作为序列聚合方法的输入。

当然,也可以跳过独热编码,直接将代表类别的整数(通过查找表)对应为上述维数较小的向量。将代表类别的整数对应为向量的过程(在自然语言处理等领域)被称为嵌入(embedding)。这些代表类别的向量称为嵌入向量。完成嵌入功能的模块如图 3-1 所示,其中的 d_{out} 为嵌入向量的维数。

综上所述,序列聚合方法的输入可以归结为向量序列。将这个向量序列记为 ($x^{[\text{agg}]<1>}$, $x^{[\text{agg}]<2>}$, $\cdots$, $x^{[\text{agg}]<t>}$)。其中,$x^{[\text{agg}]<1>}$,

输出

$(*, d_{out})$

嵌入

$(*)$

输入

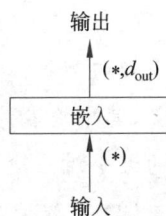

图 3-1 嵌入模块

$x^{[\text{agg}]<2>},\cdots,x^{[\text{agg}]<t>}$ 为 d_{main} 维向量（$x^{[\text{agg}]<1>},x^{[\text{agg}]<2>},\cdots,x^{[\text{agg}]<t>}\in\mathbb{R}^{d_{\text{main}}}$）；$t$ 为向量序列的长度（也是样本输入序列的长度），$1\leqslant t\leqslant l$，l 为向量序列的最大长度（也是样本输入序列的最大长度）。

【想一想】 如何将向量序列（$x^{[\text{agg}]<1>},x^{[\text{agg}]<2>},\cdots,x^{[\text{agg}]<t>}$）聚合成一个向量？

若要将向量序列中的各项聚合在一起成为一个向量，显然只需将序列中的各个向量加在一起就可以做到，即

$$y^{[\text{agg}]<t>}=x^{[\text{agg}]<1>}+x^{[\text{agg}]<2>}+\cdots+x^{[\text{agg}]<t>}=\sum_{j=1}^{t}x^{[\text{agg}]<j>} \tag{3-1}$$

式（3-1）中，$y^{[\text{agg}]<t>}$ 为聚合序列得到的单个向量，姑且称为聚合向量，其维数与 $x^{[\text{agg}]<1>},x^{[\text{agg}]<2>},\cdots,x^{[\text{agg}]<t>}$ 的维数一致，即 $y^{[\text{agg}]<t>}\in\mathbb{R}^{d_{\text{main}}}$。姑且将由式（3-1）给出的序列聚合方法称为相加聚合。那么，这种聚合方法的性能如何？后面通过实验评估其性能。

> 莫尔斯码数据集Ⅱ中的 morsecode_trainset_padded.pt 文件包含 486 568 个训练样本，morsecode_testset_padded.pt 文件包含 12 315 个测试样本。该数据集中样本的输入序列已被填充至长度为 16 的等长序列，填充项的值为 0。
>
> 除了样本的输入序列和标注，该数据集中还包含输入序列各项的掩码（其取值范围是 $\{0,1\}$，0 代表填充项，1 代表原有项）以及输入序列各项在序列中的位置（其取值范围是 $\{0,1,2,\cdots,l-1\}$，l 为输入序列的最大长度，该数据集中 $l=16$）。

在本章的实验中，为了评估聚合方法的性能，将序列聚合输出的聚合向量 $y^{[\text{agg}]<t>}$ 作为多分类逻辑回归（也称为 softmax 回归）的输入，并使用多分类逻辑回归和莫尔斯码数据集Ⅱ完成序列预测任务。需要注意的是，在本章使用的莫尔斯码数据集Ⅱ中，样本输入序列的每一项都是代表类别的整数（取值范围为 $\{0,1,2,\cdots,c-1\}$，c 为类别的数量，该数据集中 $c=4$）。可扫描二维码下载该数据集。

莫尔斯码
数据集Ⅱ

【实验 3-1】 使用相加聚合及多分类逻辑回归，预测莫尔斯码数据集Ⅱ中输入序列的下一项。

提示：

（1）使用 torch.load()函数读取数据集文件时返回的第一个数组为输入序列，第二个数组为标注，第三个数组为输入序列各项的掩码，第四个数组为输入序列各项的位置，其中输入序列数组、掩码数组及位置数组第一维的大小对应样本的数量，第二维的大小对应输入序列的最大长度。

（2）可以使用 torch.nn.Embedding 类将代表类别的整数对应为嵌入向量，嵌入向量的维数可以取 4。

（3）可借助掩码获取输入序列中除填充项之外的各项（输入序列中填充项对应的掩码为 0，其余项对应的掩码为 1）。

（4）两个数组（包括向量或矩阵）中的对应元素相乘，可以使用 *（星号）运算符。

（5）为数组添加一个大小为 1 的维，可使用 torch.unsqueeze() 函数。

（6）可使用 torch.sum() 函数把数组中某个维上的元素加在一起，注意其中的 keepdim 参数。

如果独立编写实验程序仍有困难，可参考附录 A 中经过注释的实验程序。

当嵌入向量的维数为 4，学习率为 0.01，epoch 的数量为 500，随机种子为 0 时，该模型在训练数据集和测试数据集上的分类准确度曲线如图 3-2 所示。该模型的分类准确度为 0.44 左右，这说明相加聚合方法是可行的。尽管该模型在分类准确度上与实验 2-3 中的循环神经网络相比仍存在一些差距，但本实验中模型的参数数量也仅为实验 2-3 中模型参数数量的 1/37。

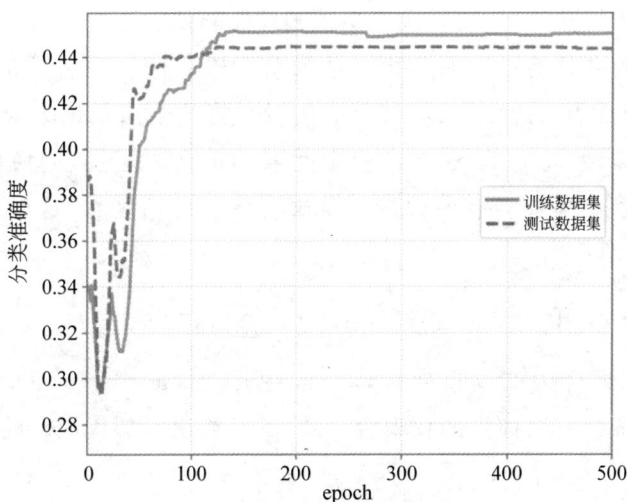

图 3-2　实验 3-1 中的分类准确度曲线

看起来相加聚合方法还不错。不过，这种方法是否存在不足之处？

可以看到，对于式（3-1）中聚合向量 $\mathbf{y}^{[\mathrm{agg}]<t>}$ 的每一维，例如第 k 维，都有

$$y_k^{[\mathrm{agg}]<t>} = \sum_{j=1}^{t} x_k^{[\mathrm{agg}]<j>} = \widetilde{\mathbf{x}}_k^{[\mathrm{agg}]} \cdot \mathbf{1}$$

其中，$\widetilde{\mathbf{x}}_k^{[\mathrm{agg}]} = (x_k^{[\mathrm{agg}]<1>}, x_k^{[\mathrm{agg}]<2>}, \cdots, x_k^{[\mathrm{agg}]<t>})$，$\mathbf{1} = (1,1,\cdots,1)$，$\mathbf{1} \in \mathbb{R}^t$，$k = 1, 2, \cdots, d_{\mathrm{main}}$。也就是说，相加聚合得到的聚合向量 $\mathbf{y}^{[\mathrm{agg}]<t>}$ 中的每一维都可以看作由向量序列 $(\mathbf{x}^{[\mathrm{agg}]<1>}, \mathbf{x}^{[\mathrm{agg}]<2>}, \cdots, \mathbf{x}^{[\mathrm{agg}]<t>})$ 各项中相同位置的元素组成的 t 维向量与 t 维 $\mathbf{1}$ 向量的点积。

从几何的角度看，在欧几里得空间中，两个向量 $\mathbf{a}$ 和 $\mathbf{b}$ 的点积等于两个向量的长

度与其夹角 θ 的余弦的乘积：

$$a \cdot b = \|a\| \|b\| \cos\theta$$

其中的 $\|a\|\cos\theta$ 为向量 a 在向量 b 上的标量投影（scalar projection）。因此，两个向量 a 和 b 的点积等于向量 a 在向量 b 上的标量投影再乘以向量 b 的长度。

由此可知，相加聚合得到的向量 $y^{[\text{agg}]<t>}$ 中的每一维都等于由向量序列 $(x^{[\text{agg}]<1>}, x^{[\text{agg}]<2>}, \cdots, x^{[\text{agg}]<t>})$ 各项中相同位置的元素组成的 t 维向量在 t 维 $\mathbf{1}$ 向量上的标量投影再乘以 t 维 $\mathbf{1}$ 向量的长度 $\sqrt{t}$。

【想一想】　在序列预测任务中，让向量 $(x_k^{[\text{agg}]<1>}, x_k^{[\text{agg}]<2>}, \cdots, x_k^{[\text{agg}]<t>})$ 在向量 $(1, 1, \cdots, 1)$ 上投影，有何不足之处？

显然，无论怎样调换向量 $(x_k^{[\text{agg}]<1>}, x_k^{[\text{agg}]<2>}, \cdots, x_k^{[\text{agg}]<t>})$ 中各个元素的排列顺序，调换后的向量在向量 $(1, 1, \cdots, 1)$ 上的标量投影的大小不变。因此，就实验 3-1 给出的序列预测任务而言，使用相加聚合方法将使后续的多分类逻辑回归模型难以辨别输入序列中各项的顺序，从而导致模型预测性能降低。

为了让后续的多分类逻辑回归模型能够辨别输入序列中各项的顺序，应将向量 $(1, 1, \cdots, 1)$ 替换为其中的元素互不相等的向量。将这个向量记为 $w^{[\text{agg}]}$。这样，在调换向量 $(x_k^{[\text{agg}]<1>}, x_k^{[\text{agg}]<2>}, \cdots, x_k^{[\text{agg}]<t>})$ 中元素的排列顺序后，调换后的向量在向量 $w^{[\text{agg}]}$ 上的标量投影很可能会有所改变。从聚合序列的角度看，这种做法是把和替换为加权和，因为此时

$$y_k^{[\text{agg}]<t>} = \tilde{x}_k^{[\text{agg}]} \cdot w^{[\text{agg}]} = \sum_{j=1}^{t} x_k^{[\text{agg}]<j>} w_j^{[\text{agg}]}$$

其中，$w^{[\text{agg}]}$ 为序列聚合中的权重向量，$w^{[\text{agg}]} = (w_1^{[\text{agg}]}, w_2^{[\text{agg}]}, \cdots, w_t^{[\text{agg}]})$，$w^{[\text{agg}]} \in \mathbb{R}^t$。姑且将这种序列聚合方法称为加权聚合。式（3-2）给出了加权聚合的计算式：

$$\begin{aligned} y^{[\text{agg}]<t>} &= w_1^{[\text{agg}]} x^{[\text{agg}]<1>} + w_2^{[\text{agg}]} x^{[\text{agg}]<2>} + \cdots + w_t^{[\text{agg}]} x^{[\text{agg}]<t>} \\ &= \sum_{j=1}^{t} w_j^{[\text{agg}]} x^{[\text{agg}]<j>} \end{aligned} \tag{3-2}$$

由此，为实验 3-1 中的模型再添加一组权重参数，作为加权聚合中的权重向量，并在模型的训练过程中"自动"确定该权重向量中各个元素的值。

【实验 3-2】　使用加权聚合及多分类逻辑回归，预测莫尔斯码数据集 Ⅱ 中输入序列的下一项。

提示：

（1）可使用 torch.nn.parameter.Parameter 类为模型添加权重参数。

（2）可使用均值为 0、标准差为 0.01 的正态分布随机给出上述参数的初始值，可使用 torch.randn() 函数得到服从标准正态分布的随机数。

（3）由于向量序列的最大长度为 l，上述权重参数的数量也应为 l，尽管对于长度

为 t 的向量序列来说只需使用其中的 t 个权重参数。

（4）两个矩阵或向量相乘可使用 torch.matmul() 函数或 @ 运算符。

（5）可使用 torch.transpose() 函数转置数组的两个维，使用 torch.squeeze() 函数删除数组中大小为 1 的维。

如果独立编写实验程序仍有困难，可参考附录 A 中经过注释的实验程序。

当沿用实验 3-1 中的设置时，该模型在训练数据集和测试数据集上的分类准确度曲线如图 3-3 所示。可见，在用加权聚合替换相加聚合后，该模型的分类准确度从 0.44 左右提高至 0.5 以上，但模型的参数数量仅增加了 16 个。

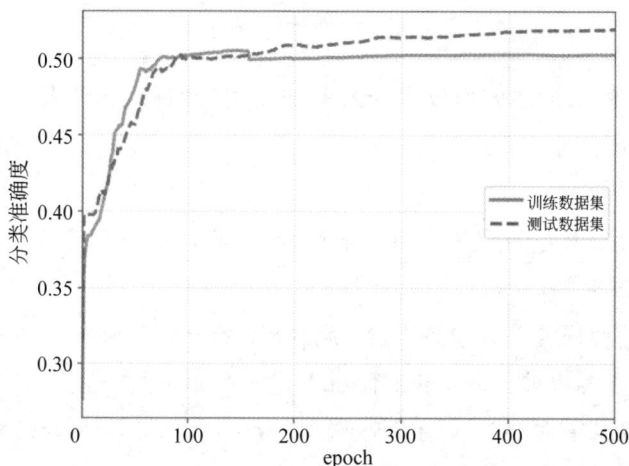

图 3-3　实验 3-2 中的分类准确度曲线

加权聚合提高了模型的分类准确度。那么，模型的分类准确度是否还可以进一步提高？

【想一想】　尽管引入权重向量 $w^{[\mathrm{agg}]}$ 可以显著提高模型的分类准确度，但加权聚合方法是否存在可以改进之处？

可以看到，加权聚合方法对于任何向量序列都使用同一个权重向量 $w^{[\mathrm{agg}]}$。就标量投影中的两个向量而言，这相当于其中一个向量是"固定的"，要想改变标量投影的大小，只能调整另一个向量。因此，直观上看，一种更优的做法是对不同的向量序列使用不同的权重向量。这相当于可以同时调整标量投影中的两个向量以改变标量投影的大小。虽然为每个向量序列都保存一个权重向量并不现实，但是可以考虑使用机器学习方法为每个向量序列都"自动"生成一个权重向量。姑且将这种为每个向量序列都生成一个权重向量的序列聚合方法称为自适应加权聚合。

根据输入给出一个至多 l 维的权重向量是回归任务，可以使用多输出线性回归等方法完成该回归任务。由于多输出线性回归方法的输入需为维数固定的向量，故可以将填充至最大长度后的向量序列中的 l 个 d_{main} 维向量拼接在一起成为一个维数为

$l \cdot d_{\text{main}}$ 的向量，如图 3-4 所示，作为多输出线性回归方法的输入。

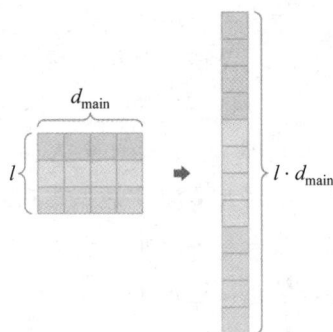

图 3-4　将向量序列（二维数组）合并成向量（一维数组）

【实验 3-3】　使用自适应加权聚合及多分类逻辑回归，预测莫尔斯码数据集Ⅱ中输入序列的下一项。

提示：

（1）用 **0** 作为输入序列中填充项对应的向量，将向量序列的长度填充至最大长度 l，莫尔斯码数据集Ⅱ中 $l=16$。

（2）将填充后的向量序列中的各个向量拼接在一起成为一个向量，可使用 torch. flatten() 函数，注意其中的 start_dim 和 end_dim 参数。

（3）多输出线性回归的输入向量的维数为 $l \cdot d_{\text{main}}$，输出向量的维数可以为 l（尽管在后续计算中只需使用其中的 t 个元素，$1 \leqslant t \leqslant l$），本实验中 d_{main} 仍可取 4。

如果独立编写实验程序仍有困难，可参考附录 A 中经过注释的实验程序。

当 epoch 的数量为 1000，其余设置与实验 3-2 相同时，该模型在训练数据集和测试数据集上的分类准确度曲线如图 3-5 所示。可见，使用基于多输出线性回归的自适应加权聚合，可将该模型的分类准确度进一步提高至 0.55 以上。不过，其中的代价之一是模型的参数数量（相比于实验 3-2 中模型参数的数量）增加了约 20 倍。

在实验 3-3 中，向量序列中同一个向量的所有元素都使用同一个权重。进一步可让向量序列中每个向量的每个元素都使用不同的权重，尽管这样做会进一步增加模型参数的数量，模型也更容易过拟合。

【练一练】　为实验 3-3 中向量序列中每个向量的每个元素都生成一个权重，给出模型此时的参数数量以及分类准确度。

提示：

（1）多输出线性回归模型的输出可以为 $l \cdot d_{\text{main}}$ 维向量。

（2）可使用 torch.unflatten() 函数将数组中的某一维拆分成多维（图 3-4 所示的合并的逆过程）。

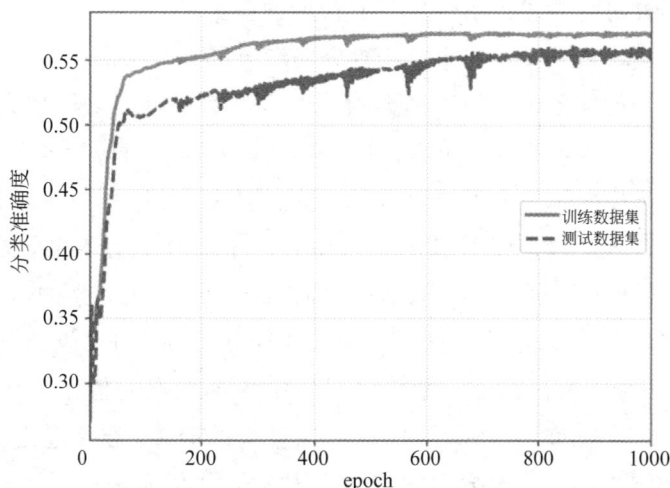

图 3-5　实验 3-3 中的分类准确度曲线

3.2　选择性序列聚合

　　尽管使用基于标量投影的加权聚合和自适应加权聚合得到的分类准确度比较高,然而由于在计算权重向量的过程中对不同长度的向量序列都使用同一个多输出线性回归模型,使得在计算出来的权重向量中,位置靠前的元素的绝对值可能小于位置靠后的元素的绝对值,这导致向量序列中位置靠前的向量对预测输入序列下一项的重要程度可能比较低。

　　然而,在一些情况下,向量序列中位置靠前的向量对预测输入序列下一项的重要程度可能比较高。举个便于理解的例子。假如输入序列为一系列汉字(包括标点符号),每个汉字或标点符号为输入序列中的一项,则输入序列"山不在高,有仙则名。"中位置最靠前的"山"(第一项)对预测该序列的下一项("水")的重要程度比较高。在这个例子中,输入序列第一项对应的向量对预测输入序列下一项的重要程度比较高。此时,该向量对应的权重的绝对值也应比较大。而在加权聚合和自适应加权聚合中,该向量对应的权重的绝对值却可能比较小。

　　【想一想】　如何解决加权聚合和自适应加权聚合中权重的绝对值与其对应项在序列中的位置大致相关的问题?

　　考虑到输入序列"山不在高,有仙则名。"中,并非所有的项都对预测序列下一项("水")有显著帮助,故可以考虑先从输入序列中选择部分对预测序列下一项更有帮助的项,再根据这些项预测序列下一项。这样做不仅可以简化序列预测任务,还可以避免模型过拟合。由于输入序列中的每一项都对应一个向量,故这种做法也是从向量序列中选择部分对预测序列下一项更有帮助的向量。

【想一想】　如何从向量序列中选择部分对预测序列下一项更有帮助的向量？

想一想在多分类任务中如何选择类别。以多分类神经网络模型为例。可以将模型输出层 softmax 激活函数的输出看作模型将其输入向量对应为各个类别的概率，然后根据这些概率选择一个最大概率对应的类别。然而，在序列预测任务中，事先并不知道向量序列中有多少个向量对预测输入序列的下一项更有帮助，故难以给出应该选出的向量的数量。由于 softmax 激活函数输出向量中各个元素的值都在 0～1 且加起来等于 1，因此可以考虑把从向量序列中选择部分向量的任务交给 softmax 激活函数"自动"完成：将 softmax 激活函数输出向量中各个元素的值作为向量序列中各个向量对应的权重。若权重比较大，则代表选择对应的向量；若权重比较小，则代表忽略对应的向量。那么，上述 softmax 激活函数的输入从何而来？

一种做法是，将向量序列中的各个向量都对应为实数，由此得到一个实数序列，再将这个实数序列（向量）作为 softmax 激活函数的输入。而将维数固定的向量对应为实数，则可以使用线性回归方法。这样做能够让向量序列中的各个向量都有机会给预测输入序列下一项带来较大帮助。

上述 softmax 激活函数输出的权重向量可以替代自适应加权聚合方法中的权重向量。姑且把这种使用 softmax 激活函数输出权重向量的自适应加权聚合方法称为选择性聚合。值得说明的是，选择性聚合与基于标量投影的序列聚合方法之间的重要差别是，选择性聚合权重向量中的各个元素之和固定为 1（因此可以起到选择的作用）。

【实验 3-4】　使用选择性聚合及多分类逻辑回归，预测莫尔斯码数据集 Ⅱ 中输入序列的下一项。

提示：

（1）可将实验 3-3 中的多输出线性回归替换为单输出线性回归，其输入为 d_{main} 维向量。

（2）在线性回归基础之上，添加 softmax 激活函数，该函数的输入为线性回归输出的长度为 t 的实数序列（$1 \leqslant t \leqslant l$）。

（3）可将上述长度为 t 的实数序列填充为长度固定为 l 的实数序列。不过，需要注意的是，在 softmax 激活函数输出的权重中，与输入序列中的填充项对应的权重应为 0，而当 softmax 激活函数的输入为 $-\infty$ 时，其对应的输出才为 0，故需将上述实数序列中与输入序列中的填充项对应的项置为 $-\infty$（而不是 0），可借助 tensor 对象的 masked_fill() 方法实现，可通过 float('-inf') 给出 $-\infty$。

如果独立编写实验程序仍有困难，可参考附录 A 中经过注释的实验程序。

当本实验中的设置与实验 3-3 中的设置相同时,该模型在训练数据集和测试数据集上的分类准确度曲线如图 3-6 所示。尽管本实验中模型的分类准确度不及实验 3-3 中模型的分类准确度,然而本实验中的模型只有 41 个参数(而实验 3-3 中的模型有 1076 个参数)。

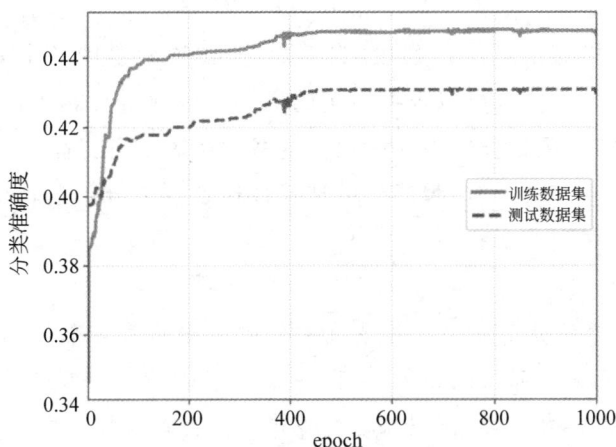

图 3-6　实验 3-4 中的分类准确度曲线

【想一想】　除了引入 softmax 激活函数以及模型参数数量比较少之外,还有什么因素导致实验 3-4 中模型的分类准确度比较低?

在实验 3-4 中,使用线性回归模型将向量序列中的各个向量对应为实数,再将得到的实数序列输入 softmax 激活函数。当输入序列中各项的排列顺序发生改变时,即向量序列中各个向量的排列顺序发生改变时,softmax 激活函数输出的对应于向量序列中各个向量的权重并不会发生改变,因此聚合序列的结果不会发生改变。可见,仅使用上述选择性聚合方法,模型将无法区分输入序列中各项的排列顺序,即模型不具备根据输入序列中各项的不同排列顺序给出不同预测结果的能力,从而导致模型分类准确度降低。

【想一想】　如何解决使用上述选择性聚合方法时模型无法区分输入序列中各项排列顺序的问题?

不妨换一个角度,从输入数据的角度思考。如果输入序列中各项的排列顺序有所改变,而上述选择性聚合方法又不能区分输入序列中各项的不同排列顺序,那么输入上述选择性聚合方法的数据需要有所改变。也就是说,在上述选择性聚合方法的输入数据中,需要包含有关输入序列各项排列顺序的信息。为此,为输入序列中的每个位置(若输入序列的最大长度为 l,则从前至后有 0 到 $l-1$ 共 l 个不同位置)都分别定义一个 d_{main} 维向量,让这些向量代表输入序列中的各个位置。姑且将这些代表位置的 d_{main} 维向量称为位置向量。

由于向量序列中的每个向量都代表输入序列中的一项，如果把向量序列中的各个向量都分别加上输入序列中各项对应的位置向量，那么其和向量可代表输入序列中某个位置上的某项。由此，可以把由向量与位置向量的和向量构成的和向量序列输入上述选择性聚合方法（以替换以前的输入——向量序列）。

由于每个上述位置向量都对应 $\{0,1,\cdots,l-1\}$ 中的一个整数，故可以借助如图 3-1 所示的嵌入模块在模型的训练过程中"自动"得出位置向量中各个元素的值。当然，位置向量中各个元素的值也可以根据给定的周期函数通过计算得出。前者无须使用周期函数，后者可推广至更长的输入序列。本书中默认使用前者。

【实验 3-5】 使用输入和向量序列的选择性聚合及多分类逻辑回归，预测莫尔斯码数据集 II 中输入序列的下一项。

提示：

（1）读取填充后的莫尔斯码数据集 II 文件时返回的第 4 个数组为输入序列各项的位置，该数组中元素的取值范围为 $\{0,1,\cdots,l-1\}$，其中 $l=16$。

（2）仍可使用 torch.nn.Embedding 类将代表位置的整数对应为位置向量，位置向量的维数应与输入序列中各项对应的向量的维数相同（同为 d_{main} 维），以便两个向量可以直接相加。

如果独立编写实验程序仍有困难，可参考附录 A 中经过注释的实验程序。

当本实验中的设置与实验 3-4 中的设置相同时，该模型在训练数据集和测试数据集上的分类准确度曲线如图 3-7 所示。可见，在向选择性聚合的输入中加入位置向量后，模型的分类准确度有所提高。同时，模型参数的数量也因引入位置向量而有所增加。

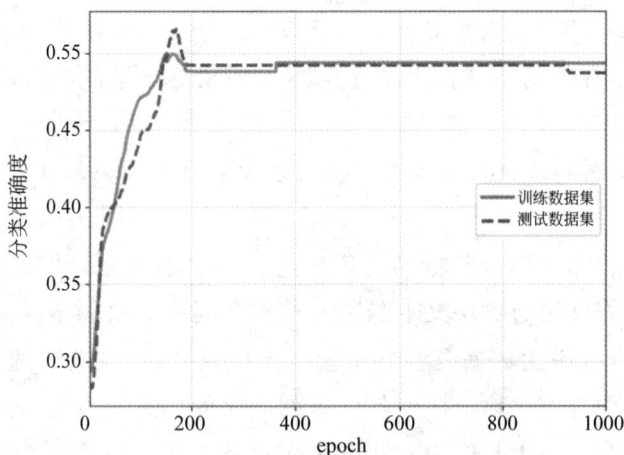

图 3-7　实验 3-5 中的分类准确度曲线

尽管实验 3-5 中模型的分类准确度有所提高，但与实验 3-3 中模型的分类准确度相比仍有一些差距。

【想一想】　上述选择性聚合方法是否存在可以进一步改进之处？

可以看到，在选择性聚合方法中，对于输入序列中的任一项，只要其在输入序列中的位置不变且其取值也不变，其对应的线性回归输出值也不会发生改变，无论输入序列的长度和输入序列中的其他项是否发生改变。也就是说，该项对应的softmax激活函数的输入不会发生改变，因此该项在softmax激活函数给出权重向量时的"影响力"不变。然而，很多时候，当输入序列的长度或输入序列中的其他项发生改变后，该项在给出权重向量时的"影响力"也须有所不同。

考虑本节开头给出的例子。当输入序列为"山不在高，有仙则名"（假设每个汉字或标点符号都为输入序列中的一项）时，输入序列的第一项（"山"）对预测输入序列的下一项（"。"）的帮助可能并不显著。而当输入序列为"山不在高，有仙则名。"时，输入序列的第一项（"山"）对预测输入序列的下一项（"水"）却可能有显著帮助。在这个例子中，输入序列仅仅增加了一项（即"。"），其第一项（"山"）对预测下一项的帮助就可能会大相径庭。如果第一项（"山"）在softmax激活函数给出权重向量时的"影响力"可以相应改变（在预测"水"时的"影响力"比在预测"。"时的"影响力"更大），将会有助于提高模型输出的预测下一项为"水"的概率，从而提高模型的分类准确度。

【想一想】　当输入序列中的任一项在输入序列的长度和输入序列中的其他项有所改变时，如何让该项在选择性聚合中的softmax激活函数给出权重向量时的"影响力"也有所改变？

输入序列中某一项在softmax激活函数给出权重向量时的"影响力"取决于该项对应的softmax激活函数的输入，也就是该项对应的上述选择性聚合中线性回归的输出。若想在输入序列长度或输入序列中其他项不同时让该项对应的softmax激活函数的输入也不同，可以考虑在线性回归的基础上再添加一个条件模块，让softmax激活函数的输入随条件模块输出的改变而改变。

在理想情况下，这个条件模块的输入为输入序列的长度以及输入序列中各项对应的和向量（向量与位置向量之和）。但是，由于输入序列的长度并不固定，使得输入序列对应的和向量序列的长度也不固定，如果条件模块根据长度不固定的和向量序列给出维数固定的输出向量，这就又引入一个序列聚合问题。因此，通常可使用长度固定的和向量序列作为条件模块的输入。例如，仅使用输入序列中最后一项对应的和向量作为条件模块的输入（因为输入序列最后一项对应的位置向量同时也代表了输入序列的长度）。此时，条件模块的输入为维数固定的和向量。

条件模块的输出可以为实数。故可以使用单输出线性回归等方法实现条件模块。为了让softmax激活函数的输入随条件模块输出的改变而改变，可以把选择性聚合中原有的线性回归的输出与条件模块的输出相乘，再将乘积作为 softmax 激活函数的输入。

由于两个实数的乘积是两个向量点积的特殊情况（当两个向量的维数都为 1 时的特殊情况），故为了提高模型的复杂度，可以进一步将上述乘积扩展为点积。这需要将选择性聚合中原有的单输出线性回归以及条件模块中的单输出线性回归都扩展为多输出线性回归。将这两个多输出线性回归输出向量的维数记为 d_{dot}。上述点积就是这两个多输出线性回归输出向量的点积。而两个向量的点积等于其中一个向量（向量 a）在另一个向量（向量 b）上的标量投影再乘以后者（向量 b）的长度，因此可以将由条件模块给出的条件理解为这两个向量中的向量 b，通过改变向量 b 改变标量投影和点积的大小，从而达到让 softmax 激活函数的输入随条件的改变而改变的目的。

【实验 3-6】　使用带有条件模块的选择性聚合及多分类逻辑回归，预测莫尔斯码数据集 II 中输入序列的下一项。

提示：

（1）条件模块（多输出线性回归）的输入为输入序列最后一项对应的和向量，输出向量的维数 d_{dot} 可以与和向量的维数 d_{main} 相同。

（2）计算条件模块输出向量与选择性聚合中多输出线性回归输出的各个向量的点积，将这些点积运算结果（作为一个向量）一并输入 softmax 激活函数。

如果独立编写实验程序仍有困难，可参考附录 A 中经过注释的实验程序。

当本实验中的设置与实验 3-5 相同，即 $d_{dot}=d_{main}$ 时，该模型在训练数据集和测试数据集上的分类准确度曲线如图 3-8 所示。可见，在添加条件模块后，模型的分类准确度有所提高。同时，模型的参数数量也因引入条件模块而有所增加。

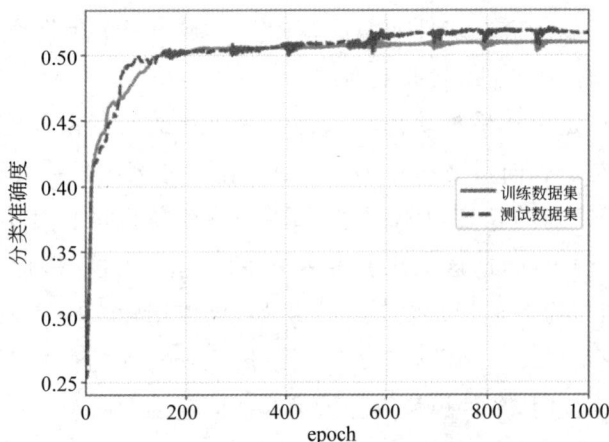

图 3-8　实验 3-6 中的分类准确度曲线

3.3　注意力机制与多头注意力机制

在带有条件模块的选择性聚合基础之上,为其中加权聚合的输入和输出分别添加一个线性变换(即不带有偏差参数的、输入向量和输出向量的维数相同的仿射映射),将点积运算的结果乘以一个缩放系数 $1/\sqrt{d_{dot}}$,再将选择性聚合和条件模块中的线性回归替换为线性变换,就得到了 Transformer 架构中使用的注意力机制(attention mechanism),如图 3-9 所示。为加权聚合的输入和输出添加线性变换,有助于提高模型的复杂度(尽管这样做并不是必需的)。将点积运算的结果乘以一个缩放系数 $1/\sqrt{d_{dot}}$,是为了抵消 d_{dot} 的大小对点积结果的影响(点积为 d_{dot} 个乘积之和)。在 Transformer 架构中使用的注意力机制中, $d_{dot}=d_{main}$ 。将线性回归替换为线性变换,简化了模型。

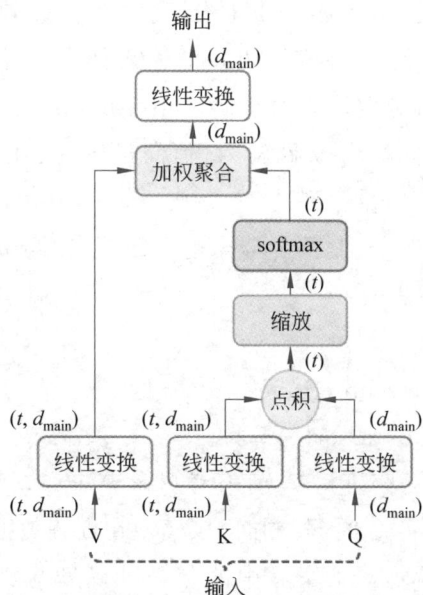

图 3-9　Transformer 架构中的注意力机制

在一些论文中,注意力机制被解释为在机器翻译任务中生成下一个单词时解码器对源句子中每个单词的关注程度以及在图像说明任务中模型在生成下一个单词时对输入图像中各个区域的关注程度。

自 2019 年起,研究人员就是否可以用关注程度解释注意力机制的问题展开激烈讨论。一些研究人员认为,关注程度并不能提供有意义的解释。另一些研究人员则认为,关注程度是否可以作为解释取决于可解释性的定义。截至本书写作之时,这场争论仍未有明确结论。

　　因此，尽管被称为注意力，注意力机制实质上是一种带有条件模块的选择性聚合。根据 3.2 节中的分析可知，带有条件模块的选择性聚合是在给定输入序列最后一项对应的和向量这个条件下，从输入序列各项对应的和向量中选择部分对预测序列下一项更有帮助的和向量。

　　图 3-9 中箭头旁边的元组给出了各个模块输入数组和输出数组的形状。在图 3-9 中，线性变换模块是没有偏差参数且输入和输出都是 d_{main} 维向量的仿射映射模块；点积模块计算两个 d_{main} 维向量的点积；缩放模块对输入数组中的所有元素都分别乘以缩放系数 $1/\sqrt{d_{main}}$；softmax 激活函数模块与 1.4 节中的 softmax 激活函数模块相同；加权聚合模块即 3.1 节中给出的加权聚合方法，其计算式由式 (3-2) 给出。

　　在图 3-9 中，下方 3 个线性变换模块输入的 d_{main} 维向量在 Transformer 架构的相关论文中被分别称为值（value）向量、键（key）向量以及查询（query）向量。为了便于叙述，本书中沿用这些名称，尽管根据以上分析过程可知，其中的键向量和查询向量名不副实。特别地，当这 3 个线性变换模块的输入都来自同一个数组（和向量序列）时，上述注意力机制也被称为**自注意力机制**（self-attention mechanism）。以下将注意力机制的这 3 路输入分别简称为 V 路输入（值向量序列）、K 路输入（键向量序列）和 Q 路输入（查询向量或查询向量序列）。

　　【**实验 3-7**】　使用注意力机制及多分类逻辑回归，预测莫尔斯码数据集 Ⅱ 中输入序列的下一项。

　　提示：

　　(1) 线性变换可使用 torch.nn.Linear 类实现。将其中的 bias 参数设置为 False。

　　(2) 求平方根可使用 torch.sqrt() 函数。

　　如果独立编写实验程序仍有困难，可参考附录 A 中经过注释的实验程序。

　　当本实验中的设置与实验 3-6 相同时，该模型在训练数据集和测试数据集上的分类准确度曲线如图 3-10 所示。本实验中的分类准确度与实验 3-6 中的分类准确度相仿。

　　在注意力机制中，通过 softmax 激活函数计算出来的 t 个权重被用来计算 t 个和向量线性变换（图 3-9 中左下角的线性变换）后得到的 t 个向量的加权和。为了简化称呼，以下姑且将图 3-9 中下方 3 个线性变换输出的向量称为线性变换向量，其中 V 路线性变换（图 3-9 中左下角的线性变换）输出的向量称为 V 路线性变换向量。

　　在图 3-9 中，每个 V 路线性变换向量中的各个元素共享同一个权重。如果每个 V 路线性变换向量中的每个元素都有自己的权重，即权重的数量为 $t \cdot d_{main}$ 个，那么 t 个 V 路线性变换向量的加权和向量将有可能更加接近预期向量，从而更有助于准确

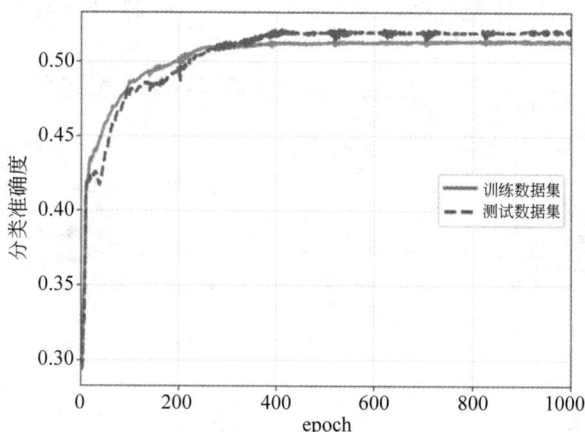

图 3-10　实验 3-7 中的分类准确度曲线

预测序列的下一项。若如此，在计算 $t \cdot d_{main}$ 个权重时，将需要使用 d_{main} 对线性变换（而非图 3-9 中下方中间和右下角的一对线性变换），故这种做法需要更多的模型参数。

一种不增加模型参数数量的折中办法是，把上述每个 V 路线性变换向量中的元素分成若干组（记为 h 组，$h < d_{main}$），每组元素共享相同的权重。这样就只需要 $t \cdot h$ 个权重。若 $d_{head} = d_{main}/h$ 为自然数（即正好把 d_{main} 个元素平均分为 h 组，每组中有 d_{head} 个元素），则可以相应地把注意力机制中参与点积运算的 d_{main} 维 K 路线性变换向量和 d_{main} 维 Q 路线性变换向量各拆分成 h 个 d_{head} 维向量，再使用拆分出的 d_{head} 维向量做点积，从而得到 h 组点积运算的输出值（每组中仍有 t 个值）。再将这 h 组输出值分别输入至图 3-9 中的缩放和 softmax 激活函数模块，得到 h 组权重（每组中有 t 个权重），由此得到所需的 $t \cdot h$ 个权重。需要注意的是，由于此时点积运算中向量的维数为 d_{head}，缩放模块中的缩放系数应调整为 $1/\sqrt{d_{head}}$。这种注意力机制被称为**多头注意力机制**（multi-head attention mechanism）。上述组数 h 被称为多头注意力机制中的头数。

【实验 3-8】　使用多头注意力机制及多分类逻辑回归，预测莫尔斯码数据集Ⅱ中输入序列的下一项。

提示：

（1）把 d_{main} 维向量拆分成 h 个 d_{head} 维向量，可以使用 torch.unflatten() 函数。

（2）本实验中的头数 h 可以取 2。

如果独立编写实验程序仍有困难，可参考附录 A 中经过注释的实验程序。

当本实验中的设置与实验 3-7 相同，头数 $h = 2$ 时，该模型在训练数据集和测试数据集上的分类准确度曲线如图 3-11 所示。就本实验中的设置和莫尔斯码数据集Ⅱ

而言,多头注意力机制的分类准确度与(单头)注意力机制的分类准确度相仿。

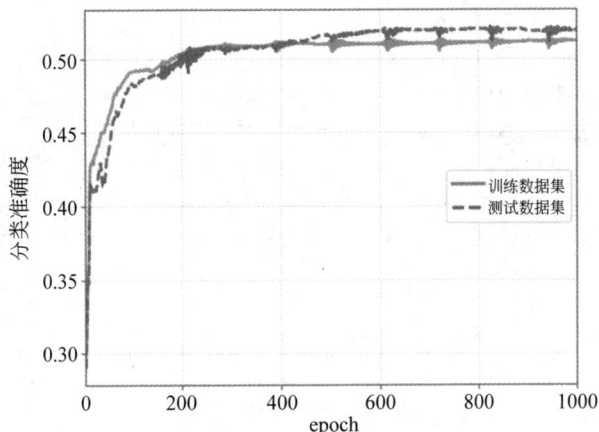

图 3-11　实验 3-8 中的分类准确度曲线

尽管使用多头注意力机制有可能会提高模型的分类准确度,但与(单头)注意力机制相比,多头注意力机制更加复杂并且计算量也更大。故在本书后续的实验中,默认使用(单头)注意力机制。

【想一想】　除了增加注意力机制中的头数,是否还有其他办法可以提高模型的分类准确度?

在 3.2 节中,提及过可以使用长度固定的和向量序列作为条件模块的输入。而注意力机制中仅使用了和向量序列中的最后一个和向量作为条件模块(即图 3-9 中右下角的线性变换模块)的输入。因此,可以考虑用更多的和向量作为条件模块的输入,或者添加更多的条件模块,以便让模型在预测输入序列的下一项时能够区分更多的不同情况,提高模型的复杂度。例如,使用和向量序列中最后一个和向量以及倒数第二个和向量作为条件模块的输入;或者再添加一个使用和向量序列中倒数第二个和向量作为输入的条件模块,并将两个条件模块输出向量中的对应元素相乘。

在以下实验中,为注意力机制再添加一个条件模块(即再添加一个图 3-9 中右下角的线性变换模块),其输入为和向量序列中的倒数第二个和向量(若和向量序列的长度为 1,可输入该序列中的唯一和向量),并将该条件模块输出的向量与已有条件模块输出的向量按元素相乘,将相乘的结果作为 Q 路线性变换向量。

【实验 3-9】　使用添加了条件模块的注意力机制及多分类逻辑回归,预测莫尔斯码数据集Ⅱ中输入序列的下一项。

提示:

在获取和向量序列中的倒数第二个和向量时,需判断和向量序列的长度。和向量序列的长度可通过对输入序列各项对应的掩码求和得出。

　　如果独立编写实验程序仍有困难,可参考附录 A 中经过注释的实验程序。

　　当本实验中的设置与实验 3-7 相同时,该模型在训练数据集和测试数据集上的分类准确度曲线如图 3-12 所示。可见,为注意力机制添加额外的条件模块,有助于提高模型的分类准确度。

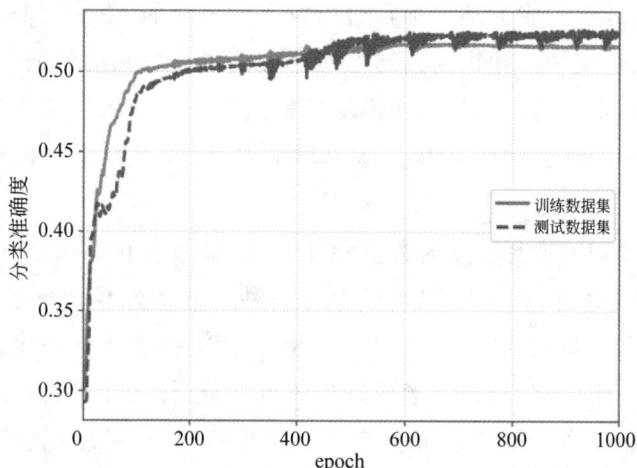

图 3-12　实验 3-9 中的分类准确度曲线

3.4　本章小结

　　序列监督学习中样本输入序列的长度不固定,给使用机器学习方法完成序列监督学习任务带来了挑战。一种解决策略是,先将长度可变的输入序列中的各项聚合在一起,再使用线性回归、逻辑回归、前馈神经网络等方法完成序列监督学习任务。本章侧重讨论不使用反馈环路的序列聚合方法,包括基于标量投影的序列聚合方法以及选择性序列聚合方法,并引出 Transformer 架构中使用的注意力机制与多头注意力机制。

　　在聚合序列之前,可将输入序列中代表类别的整数(通过嵌入)对应为向量。由此将序列聚合方法的输入统一为向量序列。相加聚合将向量序列中的各个向量直接相加以实现序列聚合。尽管相加聚合比较简单,但它不能区分向量序列中各个向量的排列顺序。由此将相加聚合中的和替换为加权和,得到加权聚合方法。进一步地,还可以使用多输出线性回归等回归方法为每个向量序列都“自动”生成一个权重向量,这种方法称为自适应加权聚合。

　　尽管在分类任务中使用基于标量投影的加权聚合和自适应加权聚合方法可以获得比较高的分类准确度,但这类方法更倾向于使用向量序列中位置靠后的向量预测输入序列的下一项。为了更加公平地对待向量序列中的每一个向量，可以使用 softmax 激活函数"自动"从向量序列中选择部分向量。其中，softmax 激活函数的输入为向量序列中的各个向量分别经过仿射映射得到的实数序列。这种方法称为选择性聚合方法。进一步地，可以将上述向量序列替换为向量与位置向量的和向量序列，以达到区分输入序列中各项的不同排列顺序的目的。在输入序列长度或其他项发生改变后，为了让输入序列中的某一项在给出权重向量时的"影响力"有所不同，可以引入条件模块，让条件模块的输出与选择性聚合方法中仿射映射的输出相乘，再将乘积作为 softmax 激活函数的输入。条件模块的输入可以为输入序列中最后一项对应的和向量。上述乘积也可扩展为点积。从本质上看，序列聚合是一种从向量序列中提取特征的方法。

对带有条件模块的选择性聚合方法稍作改动，就得到了 Transformer 架构中使用的注意力机制。因此，注意力机制实质上是一种带有条件模块的选择性聚合方法。在不增加模型参数数量的前提下，可以进一步把注意力机制 V 路线性变换输出向量中的元素分成若干组，并为每组元素分别生成权重，这样的注意力机制被称为多头注意力机制。除了将注意力机制扩展为多头注意力机制，还可以在注意力机制中添加更多的条件模块，以提高分类任务中模型的分类准确度。注意力机制是 Transformer 架构的核心。

3.5　思考与练习

1. 谈一谈你对序列聚合的理解。
2. 什么是嵌入？如何理解嵌入？
3. 画出欧几里得三维空间中一个向量在另一个向量上的标量投影。
4. 为什么说相加聚合不能区分向量序列中各个向量的排列顺序？
5. 加权聚合方法有何优势与不足？
6. 结合 3.1 节中的练一练，分析自适应加权聚合方法的优势与不足，并分析产生不足的原因。
7. 如何理解选择性聚合方法？为什么说选择性聚合方法能够公平地对待向量序列中的每一个向量？
8. 如何表示序列中的每一项在序列中的位置？在查找资料后说明可以使用哪些方法给出位置向量。
9. 如何理解选择性聚合方法中的条件模块？为什么可以将条件模块的输出与选择性聚合方法中仿射映射的输出相乘？为什么该乘积可以扩展为点积？

10. 为什么说注意力机制实质上是一种带有条件模块的选择性聚合方法？谈一谈你对注意力机制的理解。

11. 多头注意力机制与注意力机制有何差别？

12. 解释为什么在注意力机制中再添加一个条件模块能够提高模型的性能（例如分类准确度）。

第 4 章

Transformer 架构

使用注意力机制聚合向量序列时不需要反馈环路。不过,第 3 章的实验中使用的是输入序列被填充至等长序列后的数据集。由于在训练和预测过程中填充项也参与计算,故使用填充后的数据集时计算量比较大。

此外,第 2 章中在从单个较长的已知序列 $(s^{<1>}, s^{<2>}, \cdots, s^{<l>}, \cdots)$ 中划分出多个样本时,一些样本中的输入序列之间存在包含关系。这里,$s^{<1>}, s^{<2>}, \cdots, s^{<l>}, \cdots \in \mathbb{R}^{d_{\text{input}}}$,$d_{\text{input}}$ 为已知序列中各个向量的维数。例如,若 $(s^{<i-t>}, s^{<i-t+1>}, \cdots, s^{<i-2>}, s^{<i-1>})$ 为划分出的样本中的一个输入序列,则划分出的样本的输入序列中也存在该序列的子序列 $(s^{<i-t>}, s^{<i-t+1>}, \cdots, s^{<i-3>}, s^{<i-2>})$。第 3 章中的莫尔斯码数据集 II 中的样本也是使用这种方法划分出来的。因此,使用这样的数据集训练模型,在训练过程中难免存在重复的计算。

为了尽量减少这些非必要的和重复的计算,尤其是训练过程中的非必要的和重复的计算,需要考虑如何在序列预测等任务中更加高效地组织训练样本。

4.1 使用样本组训练序列预测模型

上述非必要的计算源于样本输入序列中的填充项,重复的计算源于样本输入序列之间存在包含关系。为了避免使用填充项且避免输入序列之间相互包含,在序列预测任务中,可以考虑把 l 个输入序列之间存在包含关系的样本组合在一起,成为一个样本组 $((s^{<i-t>}, s^{<i-t+1>}, \cdots, s^{<i-2>}, s^{<i-1>}), (s^{<i-t+1>}, s^{<i-t+2>}, \cdots, s^{<i-1>}, s^{<i>}))$,如图 4-1 所示。其中,样本组的输入序列为 $(s^{<i-t>}, s^{<i-t+1>}, \cdots, s^{<i-2>}, s^{<i-1>})$,样本组的标注序列为 $(s^{<i-t+1>}, s^{<i-t+2>}, \cdots, s^{<i-1>}, s^{<i>})$。可见,各个样本组的输入序列之间不存在包含关系。并且由于各个样本组输入序列的长度都等于 l,也无须在输入序列中使用填充项。

以下为了简化记法,将任一样本组记为 $((x^{<1>}, x^{<2>}, \cdots, x^{<l-1>}, x^{<l>}), (x^{<2>}, x^{<3>}, \cdots, x^{<l>}, x^{<l+1>}))$。其中,$(x^{<1>}, x^{<2>}, \cdots, x^{<l-1>}, x^{<l>})$ 为样本组的输入序列,$(x^{<2>}, x^{<3>}, \cdots, x^{<l>}, x^{<l+1>})$ 为样本组的标注序列,l 为样本组输入序列的长度

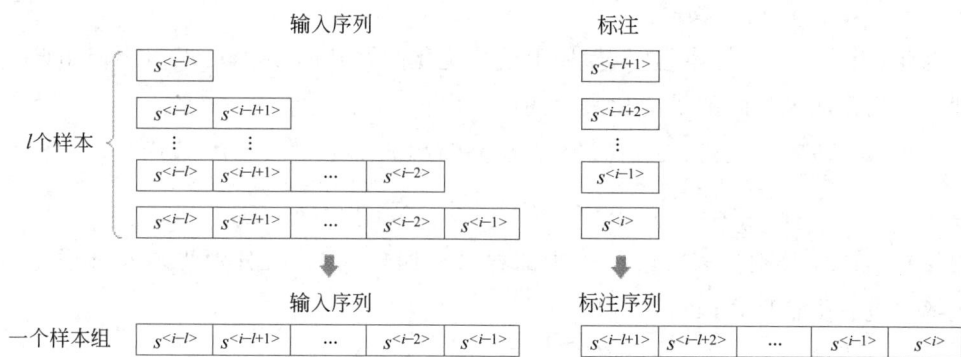

图 4-1　样本组

（也是标注序列的长度），$x^{<1>},x^{<2>},\cdots,x^{<l>},x^{<l+1>}\in\mathbb{R}^{d_{input}}$。尽管形式上与单个样本相仿，但样本组实质上是 l 个样本的组合，故在训练序列预测模型时应将其看作 l 个样本：$((x^{<1>}),x^{<2>}),((x^{<1>},x^{<2>}),x^{<3>}),\cdots,((x^{<1>},x^{<2>},\cdots,x^{<l-1>},x^{<l>}),x^{<l+1>})$，如图 4-2 所示。图 4-2 中每个三角形的底边示出了样本的输入序列，三角形的顶点指向该样本的标注。值得说明的是，尽管每个样本组都可以给出 l 个（一小批）样本，但样本组与梯度下降法中的小批（mini-batch）并不完全相同，样本组只是序列预测任务中由输入序列之间具有特殊关系的 l 个样本组成的"小批"，并且多个样本组仍可构成一个梯度下降法中的小批。

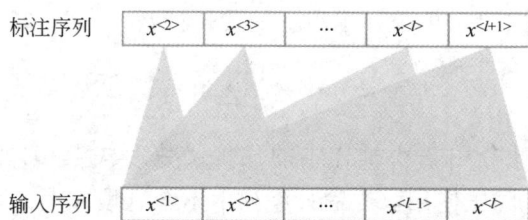

图 4-2　样本组中的 l 个样本

特别地，当 $d_{input}=1$ 且 $x^{<1>},x^{<2>},\cdots,x^{<l+1>}\in\mathbb{Z}_0^+$ 时，序列预测任务成为分类任务（类别的数量为 $x^{<1>},x^{<2>},\cdots,x^{<l+1>}$ 可能取值的数量），上述样本组成为 $((x^{<1>},x^{<2>},\cdots,x^{<l-1>},x^{<l>}),(x^{<2>},x^{<3>},\cdots,x^{<l>},x^{<l+1>}))$。根据"机器学习书"，在多分类任务中，可以将神经网络输出层 softmax 激活函数输出的第 k 个预测值 $\hat{y}_k^{(i)}$ 看作当神经网络输入第 i 个样本 $(x^{(i)},y^{(i)})$ 的输入向量 $x^{(i)}$ 时神经网络将第 i 个样本对应至第 k 个类别的概率，即 $\hat{y}_k^{(i)}=p(k|x^{(i)})$。而在训练该神经网络时，通过最大化概率 $p(y^{(1)}|x^{(1)}),p(y^{(2)}|x^{(2)}),\cdots,p(y^{(m)}|x^{(m)})$ 的乘积，即最大化预测值 $\hat{y}_{y^{(1)}}^{(1)}$，$\hat{y}_{y^{(2)}}^{(2)},\cdots,\hat{y}_{y^{(m)}}^{(m)}$ 的乘积，给出神经网络各个权重和偏差的值（具体细节可参考"机器学习书"的 2.2.3 节和 2.6.2 节）。其中，m 为训练样本的数量，$k,y^{(1)},y^{(2)},\cdots,y^{(m)}\in\{0,$

$1,\cdots,c-1\}$，c 为类别的数量。

因此，当给定一个样本组时，参照上述最优化问题及图 4-2，可以写出使用该样本组训练序列预测模型时的最优化表达式：

$$w^*,b^* = \underset{w,b}{\text{maximize}}\, p(x^{<2>}\mid x^{<1>})p(x^{<3>}\mid x^{<1>},x^{<2>})$$

$$\cdots p(x^{<l+1>}\mid x^{<1>},x^{<2>},\cdots,x^{<l-1>},x^{<l>}) \tag{4-1}$$

式(4-1)中，w、b 分别代表神经网络中的权重和偏差，w^*、b^* 分别代表权重和偏差的最优解。进一步整理式(4-1)可得

$$w^*,b^* = \underset{w,b}{\text{maximize}}\, p(x^{<2>}\mid x^{<1>})p(x^{<3>}\mid x^{<1>},x^{<2>})$$

$$\cdots p(x^{<l+1>}\mid x^{<1>},x^{<2>},\cdots,x^{<l-1>},x^{<l>})$$

$$= \underset{w,b}{\text{maximize}}\, \hat{y}^{(1)}_{x^{<2>}}\hat{y}^{(2)}_{x^{<3>}}\cdots\hat{y}^{(l)}_{x^{<l+1>}}$$

$$= \underset{w,b}{\text{maximize}}\, \ln(\hat{y}^{(1)}_{x^{<2>}}\hat{y}^{(2)}_{x^{<3>}}\cdots\hat{y}^{(l)}_{x^{<l+1>}})$$

$$= \underset{w,b}{\text{maximize}}\, \sum_{i=1}^{l}\ln\hat{y}^{(i)}_{x^{<i+1>}}$$

$$= \underset{w,b}{\text{minimize}}\, -\frac{1}{l}\sum_{i=1}^{l}\ln\hat{y}^{(i)}_{x^{<i+1>}} \tag{4-2}$$

式(4-2)中，$\ln$ 为自然对数函数（单调递增函数），$\hat{y}^{(i)}_{x^{<i+1>}}=p(x^{<i+1>}\mid x^{<1>},x^{<2>},\cdots,x^{<i>})$。由式(4-2)可以写出单个样本组上的代价函数：

$$J(w,b) = -\frac{1}{l}\sum_{i=1}^{l}\ln\hat{y}^{(i)}_{x^{<i+1>}}$$

该代价函数与多分类任务中一小批样本的代价函数形式上相同。可见，使用单个样本组训练分类模型，等同于使用 l 个输入序列中不含有填充项的样本作为梯度下降法中的一个小批训练模型。值得注意的是，尽管多个样本组合在一起可以构成一个训练过程中的小批，但如果小批中样本组标注序列的长度不相等，则在计算各个样本组上的代价时，应使用以下代价函数：

$$J(w,b) = -\sum_{i=1}^{l}\ln\hat{y}^{(i)}_{x^{<i+1>}}$$

待各个样本组上的代价相加后，再除以所有样本组给出的样本总数。

进一步整理式(4-1)中概率的乘积，可得

$$p(x^{<2>}\mid x^{<1>})p(x^{<3>}\mid x^{<1>},x^{<2>})\cdots p(x^{<l+1>}\mid x^{<1>},x^{<2>},\cdots,x^{<l-1>},x^{<l>})$$

$$= \frac{p(x^{<1>})p(x^{<2>}\mid x^{<1>})p(x^{<3>}\mid x^{<1>},x^{<2>})\cdots p(x^{<l+1>}\mid x^{<1>},x^{<2>},\cdots,x^{<l-1>},x^{<l>})}{p(x^{<1>})}$$

$$= \frac{p(x^{<1>},x^{<2>},\cdots,x^{<l-1>},x^{<l>},x^{<l+1>})}{p(x^{<1>})}$$

$$= p(x^{<2>}, \cdots, x^{<l-1>}, x^{<l>}, x^{<l+1>} \mid x^{<1>}) \tag{4-3}$$

由式(4-3)可知,可以把式(4-1)理解为最大化 $x^{<1>}$ 出现后序列($x^{<2>}, \cdots, x^{<l-1>}$, $x^{<l>}, x^{<l+1>}$)出现的概率(后验概率)。

图 4-3 给出了一个可用于序列预测任务的、支持样本组的、基于注意力机制和多分类逻辑回归的神经网络。该神经网络的输入为长度为 l 的样本组的输入序列(序列中的每一项都为代表类别的整数),输出为样本组中的 l 个输入序列分别对应 c 个类别的概率。为了简化名称,图 4-3 中将由仿射映射和 softmax 激活函数构成的多分类逻辑回归简称为 softmax 回归。图 4-3 中的序列嵌入模块由图 4-4 给出,注意力机制模块由图 4-5 给出。

图 4-4 中序列嵌入模块的输出就是 3.2 节中的和向量序列(序列的长度为 l,和向量的维数为 d_{main})。

图 4-3　一个可用于序列预测任务的支持样本组的神经网络

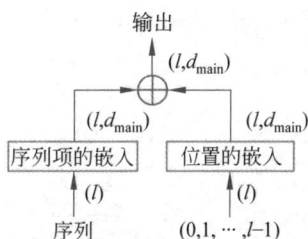

图 4-4　图 4-3 中的序列嵌入模块

图 4-5 中的注意力机制在图 3-9 中注意力机制的基础上加入了对样本组输入序列的支持。由于样本组实质上是 l 个样本的组合,故图 4-5 中与 Q 路输入相连的线性变换模块"同时"对样本组中 l 个样本的 l 个输入序列中的最后一项(这 l 个输入序列中的最后一项恰好是样本组输入序列中的 l 项)对应的和向量做线性变换。此时该线性变换模块的输出为长度为 l 的 d_{main} 维向量序列[形状为 (l, d_{main}) 的二维数组]。随后的点积模块对其输入的两个长度都为 l 的向量序列中的任一一对向量(每个向量序列中各出一个向量,组成一对向量)做点积,输出一个形状为 (l, l) 的二维数组,如图 4-6 所示,其计算式如式(4-4)所示:

$$y_{ij} = \boldsymbol{q}_i \cdot \boldsymbol{k}_j \tag{4-4}$$

这样做的目的是"同时"为样本组中的 l 个样本计算点积。式(4-4)中,$\boldsymbol{q}_i$ 为与 Q 路输入相连的线性变换输出的长度为 l 的 d_{main} 维向量序列（Q 路线性变换向量序列）中的第 i 个向量，$q_i \in \mathbb{R}^{d_{main}}$；$k_j$ 为与 K 路输入相连的线性变换输出的长度为 l 的 d_{main} 维向量序列（K 路线性变换向量序列）中的第 j 个向量，$k_j \in \mathbb{R}^{d_{main}}$；$y_{ij}$ 为两个向量的点积，是点积模块输出数组中的第 i 行第 j 列元素；$i,j=1,2,\cdots,l$。可见，在为样本组中的各个样本计算点积时，可以共用上述 K 路线性变换向量序列（而无须为每个样本都计算一次）。这是使用样本组可以减少重复计算的一个原因。

图 4-5 中的点积模块对其输入的两个向量序列中的任一一对向量都做点积，是为了便于借助 PyTorch 等框架并行计算这些点积。实际上，后续计算中仅需使用其输出数组中的一部分元素，即数组中下标 $j \leqslant i$ 的元素（图 4-6 中非阴影格中的元素）。这是因为 Q 路输入对应样本输入序列中的最后一项，故点积模块输出的二维数组第 i 行中只有前 i 个元素是第 i 个样本输入序列（该样本输入序列的长度为 i）对应的点积运算结果（如图 4-6 中的虚线框所示），$i=1,2,\cdots,l$。

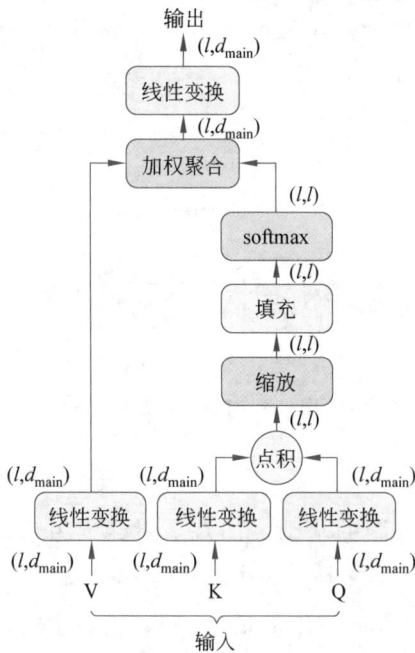

图 4-5　图 4-3 中的注意力机制模块

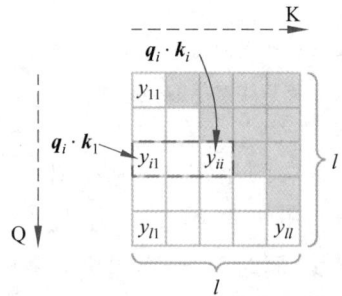

图 4-6　图 4-5 中点积模块的输出数组

为了防止上述多余的点积运算结果（图 4-6 中阴影格中的元素）影响后续的加权聚合，图 4-5 中在 softmax 模块之前添加一个填充模块。该模块将经过缩放模块（缩放模块依旧对其输入数组中的所有元素都分别乘以缩放系数 $1/\sqrt{d_{main}}$）后的图 4-6 中阴影格元素的值填充为 $-\infty$。这样，在 softmax 模块计算用于加权聚合的权重时，图 4-6 中阴影格元素对应的权重将为 0。由此可见，在添加填充模块之后，上述多余的点积运算不会影响加权聚合的结果。

图 4-5 中的加权聚合模块"同时"聚合样本组中 l 个样本输入序列对应的 l 个向量序列。在为样本组中的各个样本聚合序列时,可以共用与 V 路输入相连的线性变换输出的长度为 l 的 d_{main} 维向量序列(V 路线性变换向量序列)。这也是使用样本组可以减少重复计算的一个原因。

图 4-5 中注意力机制的输出为形状为 (l, d_{main}) 的二维数组,该数组中的 l 个 d_{main} 维向量就是对样本组中的 l 个样本分别使用图 3-9 中的注意力机制得到的 l 个 d_{main} 维向量(图 3-9 中的 $t=1,2,\cdots,l$)。

值得注意的是,尽管在模型的训练过程中使用样本组可避免使用填充项并减少重复计算,但在预测过程中,通常并无必要将模型输入的长度为 $t(1\leqslant t\leqslant l)$ 的输入序列看作样本组的输入序列,毕竟预测过程关注的是预测输入序列的下一项(而非预测输入序列中各项的下一项)。因此,在预测过程中,通常只保留图 4-5 中注意力机制输出的 t 个(因预测过程中输入序列的长度为 t)d_{main} 维向量中的最后一个(对应输入序列下一项的预测值),或只保留图 4-3 中 softmax 回归模块输出的最后一个 c 维向量。对于预测过程,可将图 4-3、图 4-4 及图 4-5 中的 l 替换为 t。

关于如何使用样本组训练序列预测模型,可通过实验 4-1 进一步加深理解。在本章的实验中,将使用莫尔斯码数据集Ⅲ,该数据集可通过扫描二维码下载。

莫尔斯码
数据集Ⅲ

> 莫尔斯码数据集Ⅲ中的 morsecode_trainset.pt 文件为包含单个已知序列的训练数据集,该序列的长度为 30 419,序列中各项的取值范围仍为 $\{0,1,2,3\}$。
>
> morsecode_testset_batched.pt 文件为包含 12 315 个样本的测试数据集。测试数据集中的样本与从训练数据集中划分出的样本不重复,不过这也使得测试样本难以组合在一起成为样本组。因此,测试数据集中样本的输入序列仍被填充至长度为 16 的等长序列,填充值为 0,填充项排在非填充项之后。为了便于并行计算,测试数据集中输入序列实际长度(非填充项的数量)相等的样本被存放在一起组成一个小批(共有 16 个小批)。各小批按照样本输入序列实际长度依次递增的顺序存放在输入序列数组和标注数组中。
>
> 除了样本的输入序列和标注,测试数据集文件还包含各小批样本的数量(一些小批样本的数量为 0,表示测试数据集中不包含相应输入序列实际长度的样本)。

【实验 4-1】 使用如图 4-3 所示的序列预测神经网络,预测莫尔斯码数据集Ⅲ中输入序列的下一项(使用样本组训练模型)。

提示:

(1)先从已知序列中划分出若干样本组,样本组输入序列和标注序列的长度都为

16。再将多个样本组作为梯度下降法中的一个小批，批长可以取 1024，可借助 torch. stack()函数将多个样本组组成一个小批。

（2）用 torch.load()函数读取训练数据集文件时返回的数组为已知序列。用该函数读取测试数据集文件时返回的第一个数组为各小批中样本的数量，第二个数组为样本的输入序列，第三个数组为样本的标注。

（3）可以借助于三角矩阵实现图 4-5 中的填充模块，可使用 torch.ones()函数和 torch.tril()函数［或 torch.triu()函数］生成三角矩阵。

如果独立编写实验程序仍有困难，可参考附录 A 中经过注释的实验程序。

当本实验中的批长为 1024，epoch 的数量为 200，其余设置与实验 3-7 相同时，该模型在训练数据集和测试数据集上的分类准确度曲线如图 4-7 所示。本实验中模型的分类准确度与实验 3-7 中模型的分类准确度相仿。由于在训练过程中使用了小批样本组，与实验 3-7 相比，本实验中的模型的权重和偏差更新更为频繁，故本实验中的模型在 epoch 比较小时即可达到比较高的分类准确度。

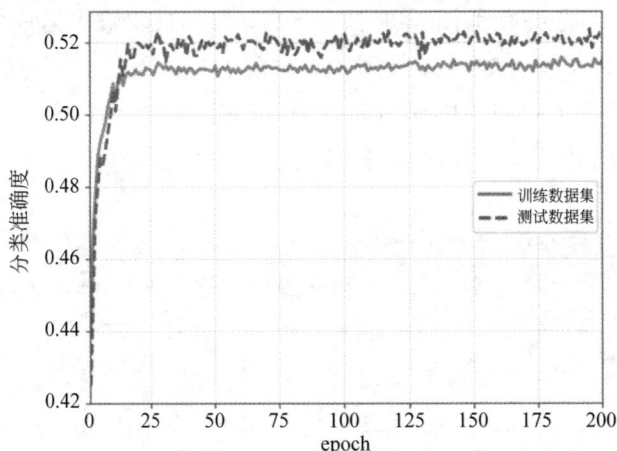

图 4-7　实验 4-1 中的分类准确度曲线

4.2　Transformer 中的层

在使用注意力机制方法把长度不固定的和向量序列聚合成单个向量（聚合向量）并对聚合向量做线性变换后，为了进一步提高模型的预测性能，可以考虑提高模型的复杂度。

4.2.1　前馈网络

由于经过注意力机制中的序列聚合、线性变换得到的是维数固定的向量，而前馈

神经网络支持维数固定的输入向量,故可以在注意力机制之后再添加一个前馈神经
网络,将注意力机制的输出作为前馈神经网络的输入,将前
馈神经网络的输出作为 softmax 回归的输入,如图 4-8 所
示。图 4-8 给出了使用样本组训练神经网络时的情况。对
于神经网络的预测过程,可将图 4-8 中的 l 替换为 t。为了
减少超参数的数量,本书中默认该前馈神经网络为只有一
个隐含层的神经网络,该隐含层有 $4d_{main}$ 个节点并且使用
ReLU 激活函数,尽管该前馈神经网络可以为任何前馈神
经网络。为了避免名称混淆,以下将该前馈神经网络称为
前馈网络。

【实验 4-2】 使用如图 4-8 所示的加入前馈网络后的序
列预测神经网络,预测莫尔斯码数据集Ⅲ中输入序列的下
一项(使用样本组训练模型)。

提示:

前馈网络隐含层的数量为 1,隐含层中节点的数量为
$4d_{main}$,隐含层使用 ReLU 激活函数。

如果独立编写实验程序仍有困难,可参考附录 A 中经过注释的实验程序。

当本实验中前馈网络隐含层节点的数量为 16,其余设置与实验 4-1 相同时,该模
型在训练数据集和测试数据集上的分类准确度曲线如图 4-9 所示。就本实验中的设
置而言,在序列预测模型中加入前馈网络后,模型的参数数量增加了近一倍,导致模
型在训练过程中过拟合。

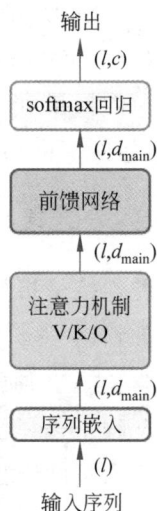

图 4-8 加入前馈网络后的
序列预测神经网络

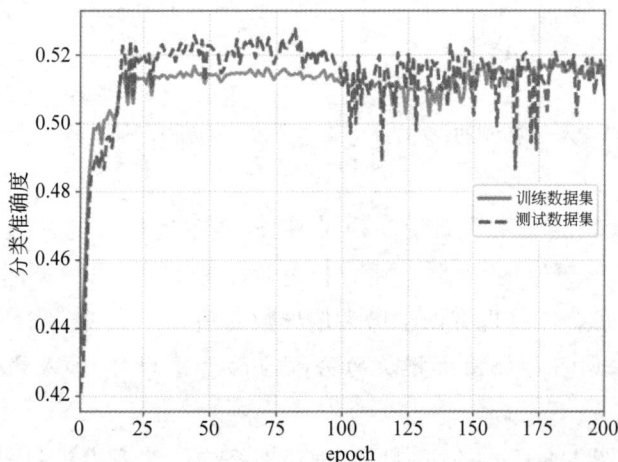

图 4-9 实验 4-2 中的分类准确度曲线

加入前馈网络后,序列预测神经网络中隐含层的数量有所增加。当神经网络中

隐含层的数量较多时，容易出现梯度消失问题（随着隐含层数量的增加，在反向传播中按照链式法则求各层权重和偏差的偏导数时，相乘的项中绝对值小于 1 的项越来越多，导致靠近输入层的隐含层的权重和偏差的偏导数的绝对值越来越小，从而使得这些隐含层的权重和偏差的更新步长越来越小），从而减慢训练速度。一个解决办法是，在神经网络中加入残差连接（residual connection）。

4.2.2　残差连接

残差连接是指与神经网络中的模块相并联的旁路，如图 4-10(a)所示。若神经网络模块的输出为 $g(x)$，其中 x 为输入向量，则在加入残差连接后，神经网络模块的输出为 $f(x)+x$。通常 $f(x)$ 不同于 $g(x)$，因为在加入残差连接之后，神经网络模块是在拟合 $g(x)-x$。当然，能够加入残差连接的前提是神经网络模块输出向量的维数与其输入向量的维数相同。若将加入残差连接后的神经网络模块的输出记为 $\hat{y}$，$\hat{y} = f(x)+x$，$\hat{y}, x \in \mathbb{R}^{d_{\text{main}}}$，则在反向传播中神经网络模块的偏导数 $\dfrac{\partial \hat{y}_i}{\partial x_i}$ 为 $\dfrac{\partial f(x)}{\partial x_i}+1$。其中，$\hat{y} = (\hat{y}_1, \hat{y}_2, \cdots, \hat{y}_{d_{\text{main}}})$，$x = (x_1, x_2, \cdots, x_{d_{\text{main}}})$，$i = 1, 2, \cdots, d_{\text{main}}$。由此可见，当 $\left| \dfrac{\partial f(x)}{\partial x_i} \right|$ 较小（接近于 0）时，$\dfrac{\partial f(x)}{\partial x_i}+1$ 在 1 附近，因此加入残差连接有助于增大偏导数的值，从而有助于提高神经网络模型的训练速度。

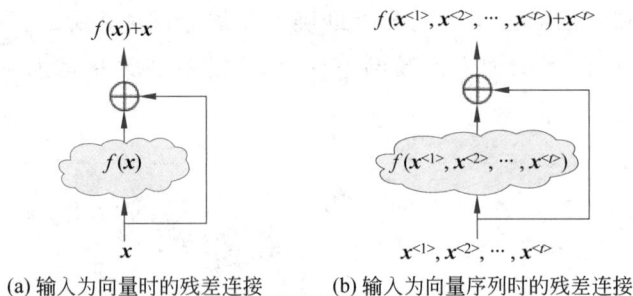

(a) 输入为向量时的残差连接　　　(b) 输入为向量序列时的残差连接

图 4-10　残差连接

当神经网络模块的输入为向量序列时，加入残差连接后的神经网络模块的输出如图 4-10(b)所示。类似地，参照上述分析过程不难得出，当神经网络模块的输入为向量序列时，加入残差连接也有助于增大偏导数的值。

【练一练】　证明当神经网络模块的输入为向量序列时，加入残差连接也能够增大偏导数的值。

由此，可以为图 4-8 所示的序列预测神经网络中的注意力机制和前馈网络分别添加残差连接，如图 4-11 所示。同样，图 4-11 中给出的是使用样本组训练神经网络时的情况。对于神经网络的预测过程，可将图 4-11 中的 l 替换为 t。

输出

↑ (l,c)

$\boxed{\text{softmax回归}}$

⊕

↑ (l,d_{main})

$\boxed{\text{前馈网络}}$

↑

⊕

↑ (l,d_{main})

$\boxed{\begin{array}{c}\text{注意力机制}\\ \text{V/K/Q}\end{array}}$

↑ (l,d_{main})

$\boxed{\text{序列嵌入}}$

↑ (l)

输入序列

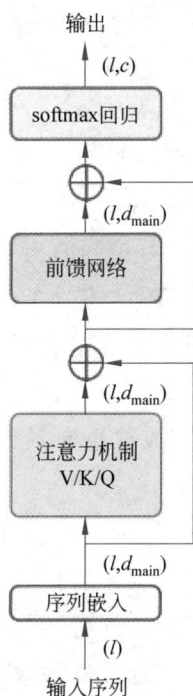

图 4-11　加入残差连接后的序列预测神经网络

【实验 4-3】　使用如图 4-11 所示的加入残差连接后的序列预测神经网络,预测莫尔斯码数据集Ⅲ中输入序列的下一项(使用样本组训练模型)。

如果独立编写实验程序仍有困难,可参考附录 A 中经过注释的实验程序。

当本实验中的设置与实验 4-2 相同时,该模型在训练数据集和测试数据集上的分类准确度曲线如图 4-12 所示。就本实验中的设置而言,在序列预测模型中加入残差连接后,该模型在训练过程中更早开始过拟合。

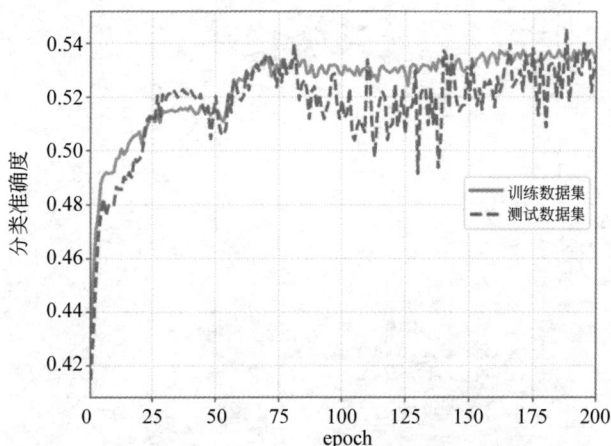

图 4-12　实验 4-3 中的分类准确度曲线

若将图 4-8 中的注意力机制和前馈网络分别看作函数 $g^{[\text{attention}]}(\boldsymbol{x}^{<1>},\boldsymbol{x}^{<2>},\cdots,$ $\boldsymbol{x}^{<t>})$ 和函数 $g^{[\text{FFN}]}(\boldsymbol{x})$，其中 $(\boldsymbol{x}^{<1>},\boldsymbol{x}^{<2>},\cdots,\boldsymbol{x}^{<t>})$ 为注意力机制输入的向量序列，则图 4-11 中 softmax 回归的输入可以写为 $\boldsymbol{x}^{<t>}+f^{[\text{attention}]}(\boldsymbol{x}^{<1>},\boldsymbol{x}^{<2>},\cdots,\boldsymbol{x}^{<t>})+$ $f^{[\text{FFN}]}(\boldsymbol{x}^{<t>}+f^{[\text{attention}]}(\boldsymbol{x}^{<1>},\boldsymbol{x}^{<2>},\cdots,\boldsymbol{x}^{<t>}))$。相比之下，图 4-8 中 softmax 回归的输入为 $g^{[\text{FFN}]}(g^{[\text{attention}]}(\boldsymbol{x}^{<1>},\boldsymbol{x}^{<2>},\cdots,\boldsymbol{x}^{<t>}))$。可见，在加入残差连接后，注意力机制和前馈网络的作用从根据输入注意力机制的向量序列直接预测 softmax 回归的输入向量（目标是让后者在 softmax 回归中与样本标注值对应的权重向量上的标量投影与该权重向量长度的乘积尽量大）转变为根据输入的向量序列逐步（若注意力机制和前馈网络各算一步）调整该序列中的最后一个向量，使之在 softmax 回归中与样本标注值对应的权重向量上的标量投影与该权重向量长度的乘积尽量大。这里的调整是指在原有向量上加上一个向量。

为了便于理解上述向量调整过程，图 4-13 给出了实验 4-3 中的向量调整过程。为了便于在二维平面上画出向量，将实验 4-3 中的 d_{main} 设置为 2，其余设置保持不变。图 4-13 中给出了测试样本输入序列的长度为 16、测试样本输入序列中最后一项为划且测试样本标注（序列的下一项）为字符间隔时的情况。图 4-13 中的三角标记代表输入注意力机制的长度为 16 的向量序列中的最后一个向量，加号标记代表输入前馈网络的向量，乘号标记代表输入 softmax 回归的向量，4 个圆点标记分别代表 softmax 回归中与 4 个类别（点、划、字符间隔、单词间隔）对应的 4 个权重向量。图 4-13 中的多个加号标记和多个乘号标记来自满足以上条件的多个测试样本。可见，注意力机制及其残差连接的作用是：以三角标记代表的向量为起点向量，根据其输入的不同向量序列，把起点向量调整至不同加号标记处。而前馈网络及其残差连接的作用是：进一步把不同加号标记处的向量调整至不同乘号标记处。这些乘号标记处的向量，在

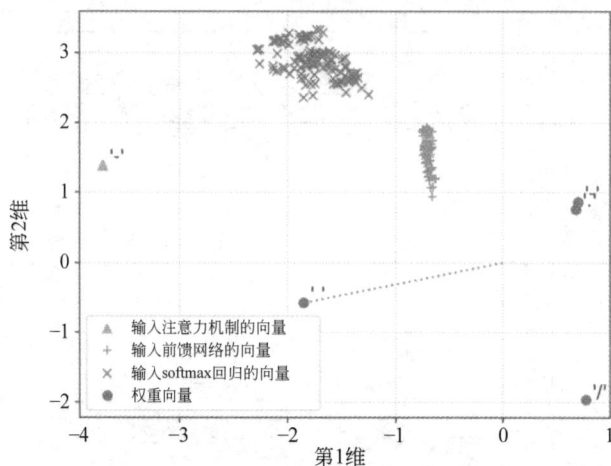

图 4-13　实验 4-3 中的向量调整过程

图 4-13 中左侧圆点标记代表的权重向量上的标量投影与该权重向量长度的乘积(和图 4-13 中右侧其他 3 个圆点标记代表的权重向量上的标量投影与对应权重向量长度的乘积相比)较大,因此 softmax 回归的输出将序列下一项预测为字符间隔的概率比较大。

从形式上看,图 4-11 中 softmax 回归的输入 $x^{<t>} + f^{[\text{attention}]}(x^{<1>}, x^{<2>}, \cdots, x^{<t>}) + f^{[\text{FFN}]}(x^{<t>} + f^{[\text{attention}]}(x^{<1>}, x^{<2>}, \cdots, x^{<t>}))$ 为注意力机制和前馈网络两个模块的输出与 $x^{<t>}$ 相加。因此,可以考虑将注意力机制和前馈网络两个模块并联(相比于图 4-11 中的串联结构),以便于并行计算。不过,若如此,前馈网络的输入将从 $x^{<t>} + f^{[\text{attention}]}(x^{<1>}, x^{<2>}, \cdots, x^{<t>})$ 退化至 $x^{<t>}$。此时,softmax 回归的输入为 $x^{<t>} + \widetilde{f}^{[\text{attention}]}(x^{<1>}, x^{<2>}, \cdots, x^{<t>}) + \widetilde{f}^{[\text{FFN}]}(x^{<t>})$。将实验 4-3 中的注意力机制和前馈网络并联,可得到如图 4-14 所示的分类准确度曲线。可见,并联后模型的分类准确度稍低于实验 4-3 中模型的分类准确度,这是由于为了实现并联将前馈网络的输入 $x^{<t>} + f^{[\text{attention}]}(x^{<1>}, x^{<2>}, \cdots, x^{<t>})$ 简化为 $x^{<t>}$。在本书后续的实验中,仍使用图 4-11 中的串联结构。

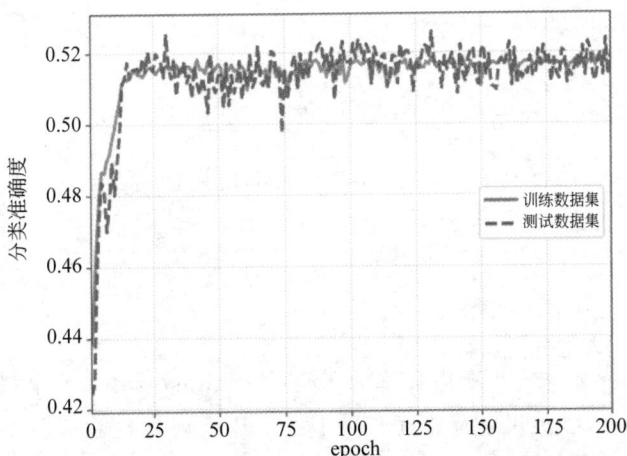

图 4-14　实验 4-3 中注意力机制和前馈网络并联后模型的分类准确度曲线

【练一练】　将实验 4-3 中的注意力机制和前馈网络并联,画出模型在训练数据集和测试数据集上的分类准确度曲线。

引入残差连接有助于提高模型的训练速度。除此之外,是否还有其他方法?

【想一想】　在机器学习中,是否还有其他方法可以提高模型的训练速度?

在机器学习中,通常先对样本中的输入特征进行缩放(scaling),例如对输入特征的各维分别进行标准化,再将特征缩放的结果作为输入向量输入机器学习模型。这样做不仅有助于寻找适中的学习率,而且可以提高模型的训练速度。在深度学习中,可借鉴特征缩放的思路,对神经网络中各个模块的输入进行标准化,以提高模型的训练速度。

4.2.3　层标准化

　　对神经网络中各个模块的输入进行标准化主要有两类方法：一类方法是对多个输入向量中的各维分别进行标准化；另一类方法是对多个输入向量中的每个输入向量分别进行标准化。前者更适用于向量中不同元素对应不同含义的情况，后者更适用于每个向量整体上对应一个含义的情况。在本章的序列预测任务中，和向量序列中的和向量与输入序列中的项一一对应，并且输入序列中每一项的值都对应一个类别。因此，至少在本章的序列预测任务中更适合使用后一种方法。

　　这种对向量序列中的每个向量分别进行标准化的方法与层标准化（layer normalization）方法相同，只不过层标准化方法最初用来标准化神经网络各层中不包含偏差的加权和。若将层标准化方法应用于向量序列中的每个向量 $\boldsymbol{x}=(x_1,x_2,\cdots,x_{d_{\text{main}}})$，则标准化后的向量 $\widetilde{\boldsymbol{x}}=(\widetilde{x}_1,\widetilde{x}_2,\cdots,\widetilde{x}_{d_{\text{main}}})$ 中的各个元素可通过式（4-5）给出：

$$\widetilde{x}_i=g_i\frac{x_i-\mu}{\sigma}+b_i \tag{4-5}$$

式（4-5）中，

$$\mu=\frac{1}{d_{\text{main}}}\sum_{j=1}^{d_{\text{main}}}x_j,\sigma=\sqrt{\frac{1}{d_{\text{main}}}\sum_{j=1}^{d_{\text{main}}}(x_j-\mu)^2}$$

g_i 和 b_i 为参数，$i=1,2,\cdots,d_{\text{main}}$。本书中默认不使用层标准化中的 g_i 和 b_i 参数（即令 $g_i=1$、$b_i=0$），故式（4-5）变为

$$\widetilde{x}_i=\frac{x_i-\mu}{\sigma}$$

　　"Transformer 论文"中将层标准化应用于 Transformer 层中模块的输出与残差连接的和向量。这会导致训练过程不稳定，因此训练过程需要预热。后来人们发现，如果把层标准化应用于 Transformer 层中模块的输入，则训练过程无须预热。

　　将层标准化分别应用于图 4-11 中序列预测神经网络的注意力机制、前馈网络、softmax 回归的输入之后，得到如图 4-15 所示的序列预测神经网络。

　　值得说明的是，加入层标准化会降低模型的复杂度。这是因为，若层标准化的输入为欧几里得空间中的 d_{main} 维向量，则层标准化输出的向量在 $d_{\text{main}}-1$ 维球面上，故层标准化简化了紧随其后的模块的输入。证明如下。

　　若层标准化的输入向量为 $\boldsymbol{x}=(x_1,x_2,\cdots,x_{d_{\text{main}}})$，其均值和方差分别为

$$\mu=\frac{1}{d_{\text{main}}}\sum_{j=1}^{d_{\text{main}}}x_j$$

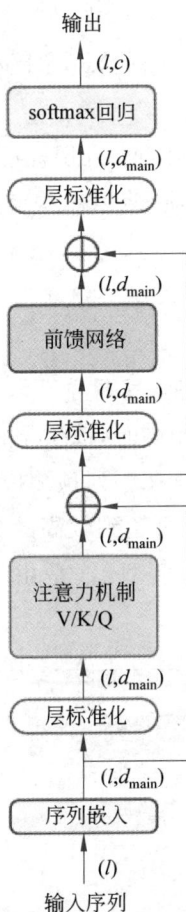

图 4-15 加入层标准化后的序列预测神经网络

$$\sigma = \sqrt{\frac{1}{d_{main}} \sum_{j=1}^{d_{main}} (x_j - \mu)^2}$$

层标准化的输出向量为 $\tilde{x} = \dfrac{x - \mu}{\sigma}$，则有

$$\tilde{x} \cdot \mathbf{1} = \frac{(x - \mu)}{\sigma} \cdot \mathbf{1} = \frac{1}{\sigma}(x \cdot \mathbf{1} - \mu \cdot \mathbf{1}) = \frac{1}{\sigma}\left(\sum_{j=1}^{d_{main}} x_j - d_{main}\left(\frac{1}{d_{main}}\sum_{j=1}^{d_{main}} x_j\right)\right) = 0$$

且

$$\| \tilde{x} \|_2 = \frac{1}{\sigma} \| x - \mu \|_2 = \frac{1}{\sqrt{\dfrac{1}{d_{main}}\sum_{j=1}^{d_{main}}(x_j - \mu)^2}} \sqrt{\sum_{j=1}^{d_{main}}(x_j - \mu)^2} = \sqrt{d_{main}}$$

其中，$\mu = (\mu, \mu, \cdots, \mu) \in \mathbb{R}^{d_{main}}$，$\mathbf{1} = (1, 1, \cdots, 1) \in \mathbb{R}^{d_{main}}$。由此可见，输出向量 $\tilde{x}$ 垂直于 d_{main} 维 $\mathbf{1}$ 向量，并且其长度为 $\sqrt{d_{main}}$。这表明输出向量 $\tilde{x}$ 在以原点为球心、以 $\sqrt{d_{main}}$

为半径的 d_{main} 维球面上。又因为 $\tilde{x}$ 垂直于 d_{main} 维 **1** 向量，$\tilde{x}$ 也在过原点且垂直于 d_{main} 维 **1** 向量的 $d_{main}-1$ 维平面上。因此，$\tilde{x}$ 在上述 d_{main} 维球面与 $d_{main}-1$ 维平面相交的 $d_{main}-1$ 维球面上。

【**实验 4-4**】 使用如图 4-15 所示的加入层标准化后的序列预测神经网络，预测莫尔斯码数据集Ⅲ中输入序列的下一项（使用样本组训练模型）。

提示：

可使用 torch.nn.LayerNorm 类实现层标准化，注意其中 elementwise_affine 参数的设置。

如果独立编写实验程序仍有困难，可参考附录 A 中经过注释的实验程序。

当本实验中的设置与实验 4-3 相同时，该模型在训练数据集和测试数据集上的分类准确度曲线如图 4-16 所示。可见，在序列预测模型中加入层标准化后，模型的训练速度有所提高（经过更少的 epoch 即可达到较高的分类准确度）。不过，本实验中模型的分类准确度稍低于实验 4-3 中的模型，这是由于加入层标准化会降低模型的复杂度。

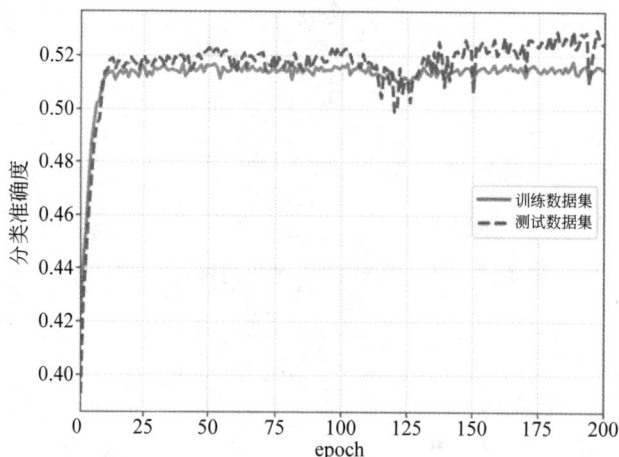

图 4-16   实验 4-4 中的分类准确度曲线

4.2.4   dropout

在机器学习中，为了防止模型过拟合，提高模型的泛化性能，常使用调整（regularization）技术。在神经网络中，可以使用 **dropout** 调整技术。在神经网络的训练过程中，dropout 将神经网络隐含层各个节点的输出值以概率 p 随机置为 0（p 是人工设置的超参数），以起到随机移除隐含层中部分节点的作用，从而改变神经网络的结构，达到（理想中）对每个训练样本都随机使用不同神经网络的目的，故有人将 dropout 译为"随机失活"。在神经网络的预测过程中，dropout 不起作用，神经网络隐含层所有节点都输出结果,以达到同时使用训练过程中的各个神经网络给出预测值的目的。

　　需要注意的是,在神经网络的训练过程中,部分隐含层节点的输出值被置为 0,会给下一层中加权和的大小带来影响。为此,在训练过程中,dropout 将神经网络隐含层各个节点的输出值都乘以缩放系数 $1/(1-p)$(p 为随机置 0 的概率)。可见,dropout 在训练过程中的做法与在预测过程中的做法并不一致。这也是在实验中需要使用 eval()方法将模型置于评估模式以及使用 train()方法将模型置于训练模式的一个原因。

　　将 dropout 应用于图 4-15 所示的序列预测神经网络中序列嵌入模块输出的和向量以及注意力机制和前馈网络的输出,得到如图 4-17 所示的序列预测神经网络。这

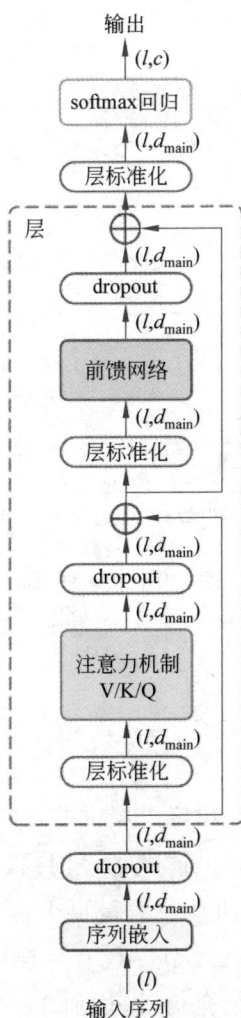

图 4-17　加入 dropout 后的序列预测神经网络

个序列预测神经网络就是仅有一层的解码器型 Transformer。图 4-17 中最下方的 dropout 模块到最上方的层标准化模块之间的这部分模块构成解码器型 Transformer 中的一个层。

【实验 4-5】 使用如图 4-17 所示的加入 dropout 后的序列预测神经网络，预测莫尔斯码数据集Ⅲ中输入序列的下一项（使用样本组训练模型）。

提示：

可使用 torch.nn.Dropout 类实现 dropout，p 可以取 0.1。

如果独立编写实验程序仍有困难，可参考附录 A 中经过注释的实验程序。

当本实验中的 $p=0.1$，其余设置与实验 4-4 相同时，该模型在训练数据集和测试数据集上的分类准确度曲线如图 4-18 所示。可见，在序列预测模型中加入 dropout 后，模型的分类准确度略有下降。

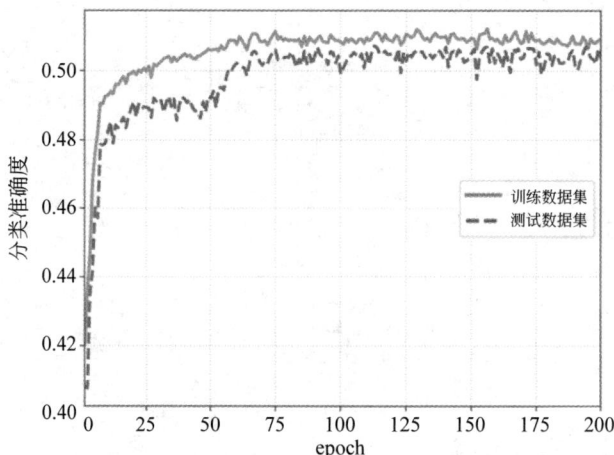

图 4-18　实验 4-5 中的分类准确度曲线

层标准化和 dropout 并不是 Transformer 架构中不可或缺的组成部分，在实践中可根据具体情况选择使用。

4.3　解码器型 Transformer

在第 1 章中提到过，将较“宽”（单隐含层中节点的数量比较多）的前馈神经网络替换为较“深”（隐含层的数量比较多）的前馈神经网络，是为了提高神经网络的效率（取得相仿预测结果时神经网络所需的参数数量更少），也是为了尽量避免模型过拟合。基于同样的原因，可以考虑增加 4.2.4 节中仅有一层的解码器型 Transformer 中的层数。此外，从 4.2.2 节中向量调整的角度看，增加 Transformer 中的层数也是增加调整向量的步数（若每层中的注意力机制和前馈网络各算一步），这将有助于更加准确地调整向量。

由此,将图 4-17 给出的单层解码器型 Transformer 扩展为多层解码器型 Transformer:将多个图 4-17 中所示的层首尾相连,串接在一起,替换图 4-17 中的单个层。之所以能够将这些层直接串接在一起,是因为每个层的输出数组与其输入数组的形状相同,这是 Transformer 架构的一个鲜明特点。

【实验 4-6】　使用多层解码器型 Transformer,预测莫尔斯码数据集Ⅲ中输入序列的下一项(使用样本组训练模型)。

提示:

(1)为了便于代码重用,可将实验 4-5 中定义神经网络的类拆分为注意力机制、前馈网络、Transformer 层以及 Transformer 等多个类。

(2)可使用 torch.nn.ModuleList 类将多个层的对象保存在一个列表中。

(3)Transformer 的层数可以取 6(这也是"Transformer 论文"中的设置)。

如果独立编写实验程序仍有困难,可参考附录 A 中经过注释的实验程序。

当本实验中解码器型 Transformer 的层数为 6,其余设置与实验 4-5 相同时,该模型在训练数据集和测试数据集上的分类准确度曲线如图 4-19 所示。就本实验中的设置以及莫尔斯码数据集Ⅲ而言,与实验 4-5 中的单层解码器型 Transformer 模型相比,多层解码器型 Transformer 模型的分类准确度略有提高。

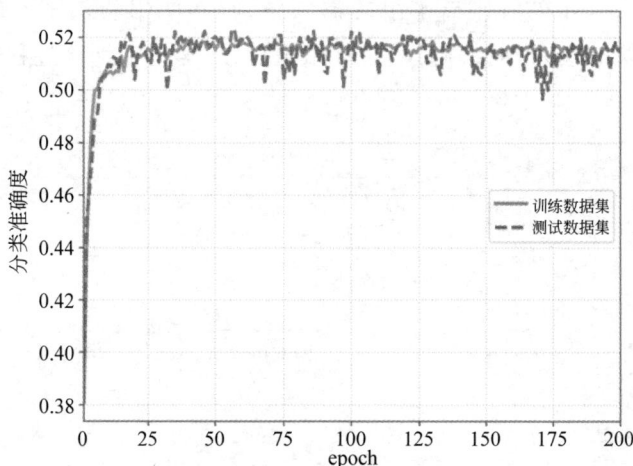

图 4-19　实验 4-6 中的分类准确度曲线

4.4　编码器型 Transformer

解码器型 Transformer 将其输入的每个样本组都看作一小批样本,如此训练出来的模型更适用于序列预测任务。在一些序列监督学习任务中,需要预测的并不是输入序列的下一项,而是输入序列的所属类别,姑且将这样的任务称为序列分类任务。例如,若每个汉字为输入序列中的一项,则预测输入序列"黄元帅苹果"的类别("水果")是序列分类任务。

在序列分类任务中,训练样本的输入序列之间不一定存在序列预测任务中训练样本输入序列之间的那种包含关系,因此通常无法使用样本组训练模型。所以,在序列分类任务中,模型通常将其输入序列视为样本的输入序列(而非样本组的输入序列)。在 3.2 节中讨论过,在带有条件模块的选择性聚合或注意力机制中,可以使用输入序列最后一项对应的向量作为条件模块的输入。当然,也可以使用输入序列中其他项对应的向量作为条件模块的输入。如果使用输入序列最后一项对应的向量作为条件模块的输入,则仍然可以使用解码器型 Transformer 完成序列分类任务,此时解码器型 Transformer 只需在训练过程中将其输入序列看作样本的输入序列。更一般地,如果使用输入序列中任何一项对应的向量作为条件模块的输入,则可以使用编码器型 Transformer 完成序列分类任务。

单层编码器型 Transformer 同样也可以由图 4-17 给出,它与单层解码器型 Transformer 的差别仅在于其中的注意力机制。从形式上看,编码器型 Transformer 使用不包含图 4-5 中填充模块的注意力机制(而解码器型 Transformer 则使用图 4-5 中包含填充模块的注意力机制),如图 4-20 所示。从本质上看,解码器型 Transformer 在训练过程中将输入序列看作样本组的输入序列,并使用输入序列最后一项对应的向量作为条件模块的输入;而编码器型 Transformer 无论在训练过程中还是在预测过

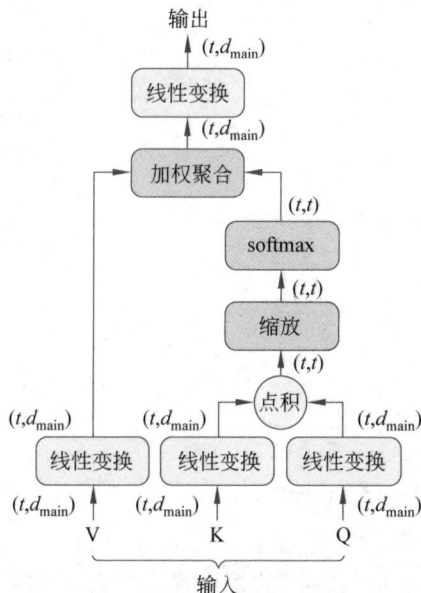

图 4-20　编码器型 Transformer 中的注意力机制模块

程中都将输入序列看作样本的输入序列,并使用输入序列中所有项对应的向量分别作为条件模块的输入(每次使用其中一项对应的向量作为条件模块的输入)。

具体来说,如图 4-20 所示,若输入序列的长度为 t,则编码器型 Transformer 中的注意力机制"同时"实现 t 个如图 3-9 所示的注意力机制,其中的每个注意力机制分别使用形状为 (t, d_{main}) 的二维输入数组中的一个 d_{main} 维向量作为其 Q 路线性变换的输入。这 t 个注意力机制输出的 t 个 d_{main} 维向量[形状为 (t, d_{main}) 的二维数组]就是编码器型 Transformer 中注意力机制的输出。

参照图 4-17 可知,若编码器型 Transformer 的输入是长度为 t 的序列,则其输出将是形状为 (t, c) 的二维数组。该二维数组中的 t 个 c 维向量分别为使用输入序列中 t 项对应的向量作为条件模块的输入而得到的 t 个 c 维输出向量。在序列分类任务中,可以将其中的任何一个 c 维输出向量作为模型输出的将输入序列对应为各个类别(类别的数量为 c)的概率,其中的差别仅在于将输入序列中哪一项对应的向量作为条件模块的输入。

在单层编码器型 Transformer 基础之上,同样可以增加其中层的数量,将其扩展为多层编码器型 Transformer。

在实验 4-7 中,使用编码器型 Transformer 完成序列预测任务(莫尔斯码数据集 Ⅲ 中序列每一项的取值范围都是 $\{0,1,2,3\}$,故本章实验中的序列预测任务也是序列分类任务)。为了便于使用小批梯度下降法训练模型,实验 4-7 中输入序列的长度可固定为 16。

【实验 4-7】　使用多层编码器型 Transformer,预测莫尔斯码数据集 Ⅲ 中输入序列的下一项。

提示:

(1) 本实验中样本输入序列的长度固定为 16,样本的标注为输入序列的下一项,在训练过程中可将多个样本作为一个小批。

(2) 可为实验 4-6 代码中注意力机制类、Transformer 层类以及 Transformer 类的 __init__() 方法各添加一个参数,用来控制在注意力机制中是否使用填充。

(3) 可将模型输出的 t 个 c 维向量中的任何一个(例如最后一个)作为模型在序列分类任务中的输出向量,据此给出模型将输入序列对应至 c 个类别的概率,本实验中 $t=16$、$c=4$。

(4) Transformer 的层数仍可以取 6。

如果独立编写实验程序仍有困难,可参考附录 A 中经过注释的实验程序。

当本实验中解码器型 Transformer 的层数为 6,其余设置与实验 4-6 相同时,该模型在训练数据集和测试数据集上的分类准确度曲线如图 4-21 所示。由于本实验中训

练样本和测试样本输入序列的长度都固定为 16，训练过程中的样本数量以及测试过
程中的样本数量与实验 4-6 相比都有所减少。

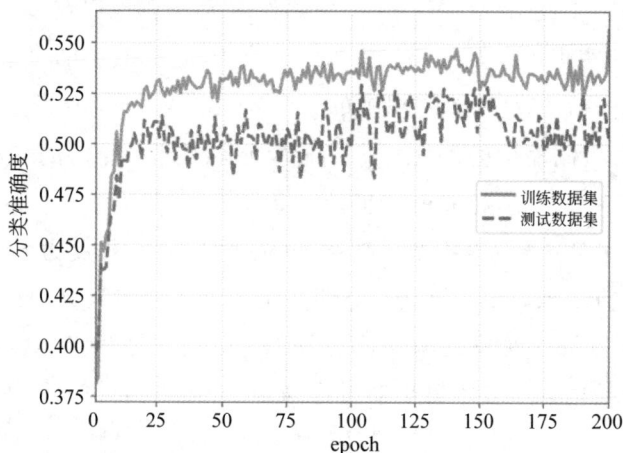

图 4-21　实验 4-7 中的分类准确度曲线

4.5　编解码器型 Transformer

　　虽然编码器型 Transformer 在序列分类任务中可能会"大材小用"（在序列分类任
务中只需使用编码器型 Transformer 输出的 t 个 c 维向量中的一个），但在带有条件
序列的序列预测任务中却能够"物尽其用"。带有条件序列的序列预测任务（以下简
称为条件序列预测任务）是指序列预测的结果不仅取决于输入序列，同时也取决于给
定条件序列的序列预测任务。例如，若每个单词或汉字为序列中的一项，那么在给定
条件序列"The longest journey begins with a single step"下，预测输入序列"千里之"
的下一项，就是一个条件序列预测任务。

　　值得说明的是，尽管条件序列和输入序列都是条件序列预测模型的输入，而且也
可以将条件序列与输入序列首尾相连作为一个新的输入序列输入解码器型
Transformer 完成序列预测任务，但额外引入条件序列有其优势：条件序列中各项的
取值范围可以与输入序列中各项的取值范围不同，而且引入条件序列后也有助于减
小输入序列的长度（可以把输入序列中的部分项拆分出来作为条件序列），从而有助
于简化序列预测任务。

　　在条件序列预测任务中，为了预测输入序列的下一项，不仅需要聚合输入序列对
应的向量序列，而且也需要聚合条件序列对应的向量序列。由于条件序列中的所有
项都已知，且在序列生成等任务中条件序列保持不变，故可以考虑使用编码器型
Transformer 聚合条件序列对应的向量序列。尽管编码器型 Transformer 中的注意

力机制对同一个向量序列聚合多次,但由于每次在聚合序列时使用不同的向量作为条件模块的输入,故得到的多个聚合向量通常并不完全相同。根据 3.2 节中的分析可知,这种多样性有助于模型更加准确地预测序列下一项:可以从多个不同聚合向量的线性变换结果中选择部分对预测序列下一项更有帮助的向量。从这个角度看,条件序列预测任务为编码器型 Transformer 提供了用武之地。

至于聚合输入序列对应的向量序列以及预测输入序列的下一项,仍可以使用解码器型 Transformer 完成。不过,问题是如何把编码器型 Transformer 和解码器型 Transformer 结合在一起完成条件序列预测任务。

【想一想】 如何把编码器型 Transformer 和解码器型 Transformer 结合在一起?

单层编码器型 Transformer 或单层解码器型 Transformer 都通过其中的注意力机制聚合输入序列对应的向量序列,故可以考虑使用注意力机制聚合输入序列和条件序列对应的向量序列。据此将编码器型 Transformer 和解码器型 Transformer 结合在一起,成为编解码器型 Transformer。

单层编解码器型 Transformer 如图 4-22 所示。需要说明的是,为了更加简单明了,图 4-22 中并未画出残差连接、层标准化及 dropout 模块。尽管如此,本书中提及的 Transformer 架构都包含图 4-17 中的残差连接、层标准化以及 dropout 模块。图 4-22 中,t' 为编码器输入的条件序列的长度,t 为解码器输入序列的长度。图 4-22 中左侧编码器层中的注意力机制模块为图 4-20 给出的编码器型 Transformer 中的注意力机

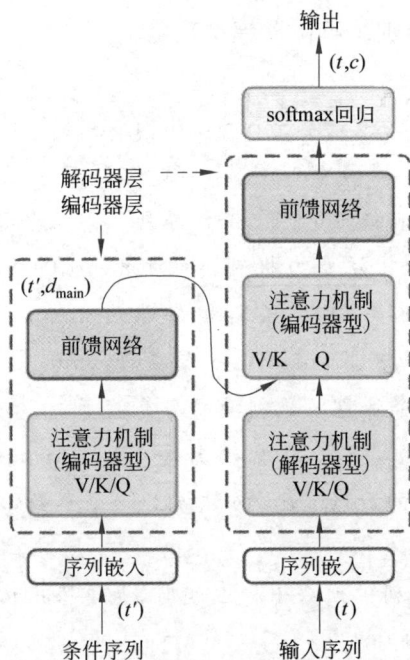

图 4-22 单层编解码器型 Transformer

制模块。图 4-22 中右侧的解码器层中有两个注意力机制模块：下方的注意力机制模块用来聚合解码器输入序列对应的向量序列，该注意力机制模块为图 4-5 给出的解码器型 Transformer 中的注意力机制模块；上方的注意力机制模块用来聚合编码器层输出的向量序列（t' 个 d_{main} 维向量），该注意力机制模块为图 4-20 给出的编码器型 Transformer 中的注意力机制模块。其中，上方注意力机制模块中的具体做法是：将编码器层输出的向量序列作为其 K 路输入和 V 路输入，将下方注意力机制模块的输出作为其 Q 路输入（即以解码器中注意力机制的输出为条件，聚合编码器层输出的向量序列）。

> 莫尔斯码数据集Ⅲ中的 morsecode_testset_batched_more.pt 文件也是包含 12 315 个样本的测试数据集。除了包含 morsecode_testset_batched.pt 文件中已包含的样本输入序列、样本标注以及每个小批中的样本数量，该测试数据集文件还包含样本输入序列前面的 16 项（条件序列）。

在以下实验中，将从莫尔斯码数据集Ⅲ已知序列中划分出的样本组的输入序列作为解码器的输入序列，将已知序列中排列在该样本组输入序列前面的 16 项合在一起作为输入编码器的条件序列，让编解码器型 Transformer 模型预测样本组输入序列的下一项，从而使用编解码器型 Transformer 完成条件序列预测任务。

【实验 4-8】 使用单层编解码器型 Transformer，预测莫尔斯码数据集Ⅲ中输入序列的下一项（使用样本组训练解码器模型）。

提示：

（1）使用 torch.load()函数读取 morsecode_testset_batched_more.pt 测试数据集文件时返回的第一个数组为各小批中样本的数量，第二个数组为样本的输入序列，第三个数组为样本输入序列前面的 16 项（条件序列），第四个数组为样本的标注。

（2）可为实验 4-7 代码中注意力机制类的 forward()方法添加一个参数，以便支持使用不同输入数组分别作为 Q 路、K 路和 V 路的输入。

（3）可为实验 4-7 代码中 Transformer 层类的__init__()方法添加一个参数，用来给出该类包含一个还是两个注意力机制类的对象。

（4）可以将实验 4-7 代码中的编码器型 Transformer 类扩展为编解码器型 Transformer 类，并为该类的 forward()方法添加一个参数，以便同时支持编码器输入和解码器输入。

（5）注意，在从已知序列中划分出样本组时，也要给出该样本组的条件序列。

（6）学习率可设置为 0.001。

如果独立编写实验程序仍有困难，可参考附录 A 中经过注释的实验程序。

当本实验中的学习率为 0.001, epoch 的数量为 100, 其余设置与实验 4-7 相同时, 该模型在训练数据集和测试数据集上的分类准确度曲线如图 4-23 所示。可见, 使用通过注意力机制结合编码器型 Transformer 和解码器型 Transformer 的编解码器型 Transformer, 可以在给定条件序列时有效预测输入序列的下一项。

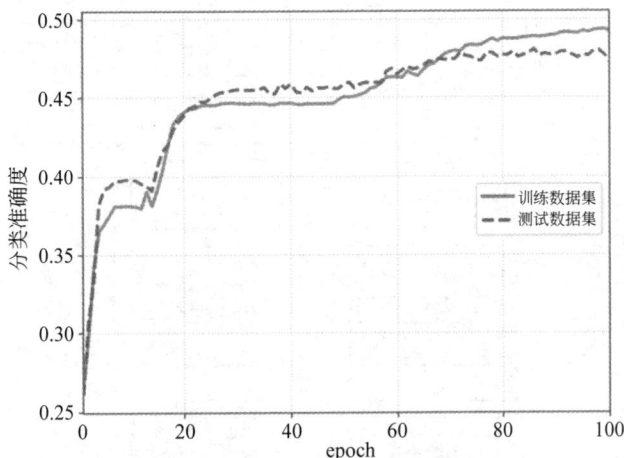

图 4-23 实验 4-8 中的分类准确度曲线

可以将图 4-22 给出的单层编解码器型 Transformer 扩展为多层编解码器型 Transformer: 将多个解码器层首尾相连, 串接在一起, 同样将多个编码器层也首尾相连, 串接在一起, 并将最后一个编码器层输出的向量序列输入至各个解码器层中上方的注意力机制模块, 如图 4-24 所示。这是"Transformer 论文"中的做法。

【实验 4-9】 使用多层编解码器型 Transformer, 预测莫尔斯码数据集Ⅲ中输入序列的下一项(使用样本组训练解码器模型)。

提示:

编码器和解码器中的层数都可以取 6。

如果独立编写实验程序仍有困难, 可参考附录 A 中经过注释的实验程序。

当本实验中的设置与实验 4-8 相同时, 该模型在训练数据集和测试数据集上的分类准确度曲线如图 4-25 所示。可见, 与单层编解码器型 Transformer 相比, 多层编解码器型 Transformer 的分类准确度更高。

实际上, 当编码器中的层数与解码器中的层数相同时, 也可以将各个编码器层输出的向量序列分别输入至对应解码器层中上方的注意力机制模块, 如图 4-26 所示。这种连接方式可以为解码器各层提供更加多样化的编码器输出向量序列, 不过相应的模型也更加不易训练。

【练一练】 使用如图 4-26 所示的多层编解码器型 Transformer, 预测莫尔斯码数据集Ⅲ中输入序列的下一项(使用样本组训练解码器模型)。

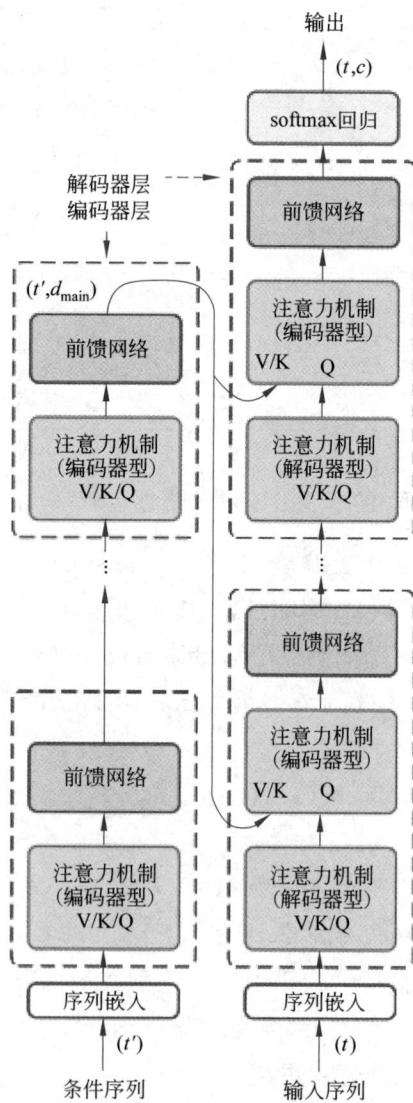

图 4-24 多层编解码器型 Transformer

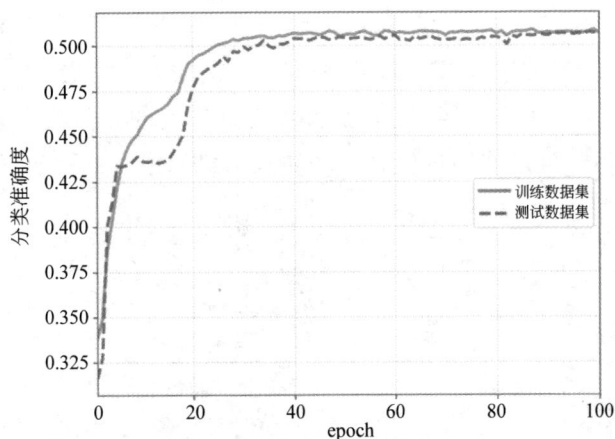

图 4-25　实验 4-9 中的分类准确度曲线

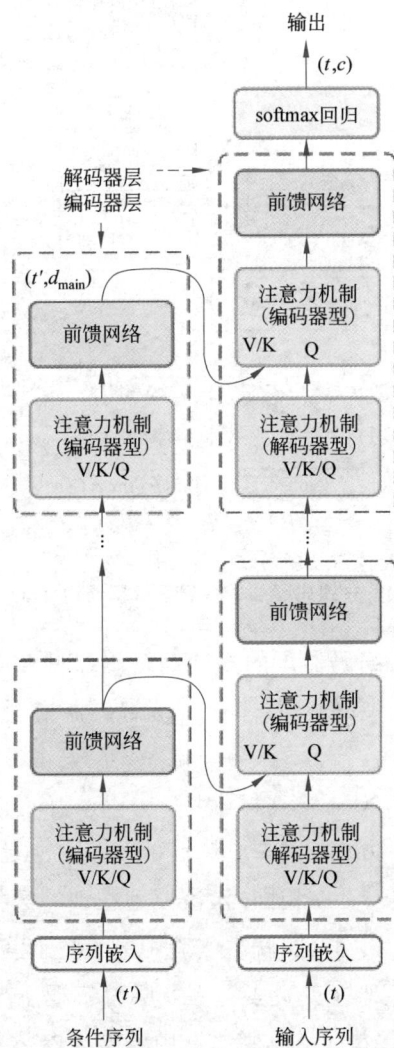

图 4-26　对应层相连的多层编解码器型 Transformer

进一步地,还可以省去多层编解码器型 Transformer 中的各个编码器层,直接将序列嵌入模块输出的条件序列的和向量序列输入解码器第一层中上方的注意力机制模块,如图 4-27 所示。由于在第一层之后并无条件序列的和向量序列输入编码器,故从第二层开始,解码器可以使用仅包含一个注意力机制模块的解码器层。

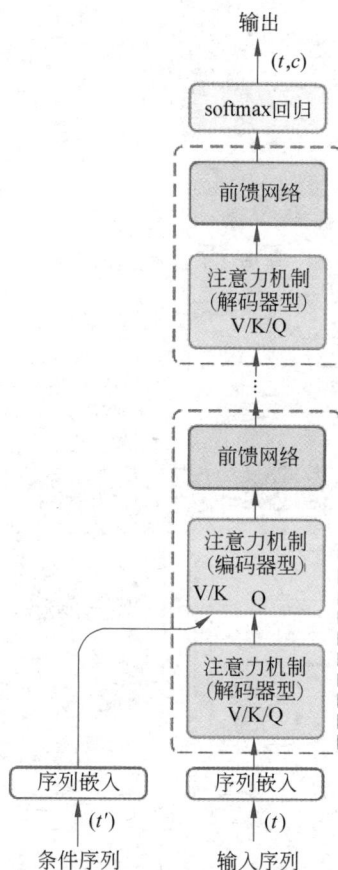

图 4-27 省去编码器层的多层编解码器型 Transformer

【实验 4-10】 使用省去编码器层的多层编解码器型 Transformer,预测莫尔斯码数据集Ⅲ中输入序列的下一项(使用样本组训练解码器模型)。

提示:

解码器中的总层数仍可以取 6。

如果独立编写实验程序仍有困难,可参考附录 A 中经过注释的实验程序。

当本实验中的设置与实验 4-9 相同时,该模型在训练数据集和测试数据集上的分类准确度曲线如图 4-28 所示。可见,就本实验中的设置而言,省去编码器的多层编解码器型 Transformer 可以达到与实验 4-9 中多层编解码器型 Transformer 相仿的分类准确度,而该模型的参数数量仅为实验 4-9 中模型的参数数量的一半。

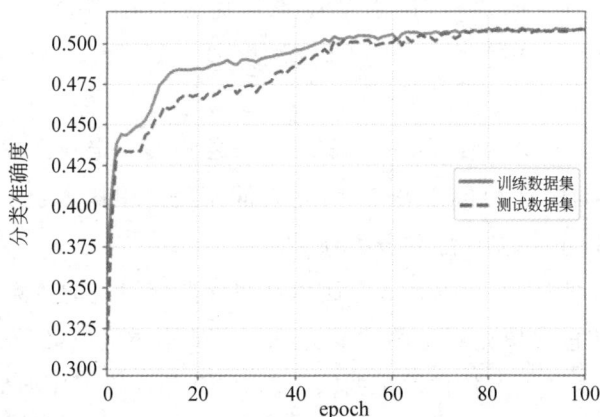

图 4-28　实验 4-10 中的分类准确度曲线

4.6　本章小结

在使用注意力机制聚合向量序列时,为了尽量减少非必要的和重复的计算,可以把多个输入序列之间存在包含关系的样本组合在一起,成为一个样本组。尽管形式上与单个样本相仿,但样本组实质上是多个样本的组合。使用单个样本组训练分类模型等同于使用多个输入序列中不含有填充项的样本作为梯度下降法中的一个小批训练模型。

在使用样本组的注意力机制中,点积模块的输出为二维数组,数组中的每个元素为 Q 路线性变换向量序列和 K 路线性变换向量序列中的任意一对向量的点积;softmax 模块之前添加了一个填充模块,用来防止多余的点积运算结果影响后续的加权聚合。

为了进一步提高模型的预测性能,在注意力机制和 softmax 回归之间添加一个前馈网络,该前馈网络可以为单隐含层神经网络。为了提高模型的训练速度,为注意力机制和前馈网络各添加一个残差连接。此时,可以将注意力机制和前馈网络的作用理解为根据输入的向量序列逐步调整该序列中的最后一个向量,使之在 softmax 回归中与样本标注值对应的权重向量上的标量投影与该权重向量长度的乘积尽量大。除了串联,前馈网络与注意力机制也可以并联。

为了进一步提高模型的训练速度,可以对注意力机制、前馈网络、softmax 回归输入的每个向量分别进行标准化(即层标准化),尽管加入层标准化会降低模型的复杂度。为了防止模型过拟合,提高模型的泛化性能,可引入 dropout 调整技术:将序列嵌入、注意力机制、前馈网络输出向量中的元素值以一定概率随机置为 0,以起到改变神经网络结构的作用。由此得到单层解码器型 Transformer。

为了提高神经网络的效率，也为了尽量避免模型过拟合，可以增加解码器型 Transformer 中的层数，由此得到多层解码器型 Transformer。解码器型 Transformer 可用于序列预测等任务。

而在序列分类任务中，训练样本的输入序列之间不一定存在序列预测任务中训练样本输入序列之间的那种包含关系，因此通常无法使用样本组训练模型。可以使用编码器型 Transformer 完成序列分类任务。

从形式上看，编码器型 Transformer 使用不包含填充模块的注意力机制，而解码器型 Transformer 使用包含填充模块的注意力机制。从本质上看，解码器型 Transformer 在训练过程中将输入序列看作样本组的输入序列，并使用输入序列最后一项对应的向量作为注意力机制中条件模块的输入；而编码器型 Transformer 无论在训练过程中还是在预测过程中都将输入序列看作样本的输入序列，并使用输入序列中所有项对应的向量分别作为注意力机制中条件模块的输入。

在带有条件序列的序列预测任务（即条件序列预测任务）中，可以使用编码器型 Transformer 聚合条件序列对应的向量序列，使用解码器型 Transformer 聚合输入序列对应的向量序列并预测输入序列的下一项。可以使用额外的注意力机制聚合条件序列和输入序列对应的向量序列，由此将编码器型 Transformer 和解码器型 Transformer 结合在一起，成为编解码器型 Transformer。

编码器型 Transformer 和解码器型 Transformer 之间的连接方式并不唯一，既可将最后一个编码器层输出的向量序列输入各个解码器层，也可将各个编码器层输出的向量序列分别输入对应的解码器层。还可以进一步省去编码器层，直接将序列嵌入模块输出的条件序列的和向量序列输入第一个解码器层。

4.7 思考与练习

1. 如何理解样本组？什么情况下适合使用样本组？使用样本组有何优势？

2. 给出序列分类任务中使用样本组训练模型时的代价函数。该代价函数与使用一小批样本训练模型时的代价函数是否相同？解释为什么相同或者不相同。

3. 若让图 3-9 中的注意力机制支持样本组，需要做对其做哪些改动？给出做这些改动的原因。

4. 在图 4-3 中的注意力机制和 softmax 回归之间添加一个前馈网络有何优势与劣势？

5. 什么是残差连接？为什么加入残差连接有助于提高模型的训练速度？

6. 如何理解图 4-11 中注意力机制和前馈网络的作用？为什么可以将图 4-11 中

的注意力机制和前馈网络两个模块并联？

7. 什么是层标准化？为什么加入层标准化有助于提高模型的训练速度？

8. 为什么说加入层标准化会降低模型的复杂度？试画图说明。

9. 什么是 dropout 调整技术？加入 dropout 是否有助于提高模型的泛化性能？为什么？

10. 画出单层解码器型 Transformer 的详细框图。

11. 为什么增加单层 Transformer 中的层数？

12. 为什么说解码器型 Transformer 更适用于序列预测任务？如何将解码器型 Transformer 用于序列分类任务？

13. 单层编码器型 Transformer 与单层解码器型 Transformer 有何差异？

14. 在条件序列预测任务中使用编解码器型 Transformer 与使用解码器型 Transformer 相比有哪些优势？

15. 把编码器型 Transformer 和解码器型 Transformer 结合在一起成为编解码器型 Transformer 有哪些方法？

第 5 章

Transformer 架构在自然语言处理领域的应用

经过前面 4 章的学习，读者应该已经掌握了 Transformer 架构及其原理。由于 Transformer 架构可用于多种序列的监督学习任务，其输入序列既可以等长也可以不等长，并且还可以附带额外的条件序列（条件序列同样既可以等长也可以不等长），故能够使用 Transformer 架构完成的机器学习任务比较多。

从本章开始，将探索 Transformer 架构在一些领域中的应用。在第 1 章中提到过，Transformer 架构最初用来解决机器翻译中的序列转换问题。机器翻译，即使用计算机将一种语言自动翻译成另一种语言，是自然语言处理领域中的任务之一。自然语言处理主要关注如何让计算机具有理解和运用人类语言的能力，其包括但不限于文本和语音处理。

除了机器翻译，本章还将探索如何使用 Transformer 架构完成文本分类、文本生成、语音分类、语音转文本等自然语言处理领域中的任务。

5.1 文本分类

顾名思义，文本分类是文本数据的分类任务，包括把一段文本对应至一个类别。例如，将"我真的很喜欢学习机器学习"对应至"积极情感"这个类别。在机器学习中，可以用一个整数（例如 1）代表"积极情感"这个类别。不过，问题是如何将"我真的很喜欢学习机器学习"这句话对应为一个输入序列？

【想一想】 如何将一段文本对应为一个输入序列？

由于 Transformer 输入序列中各项的取值可以为整数，故可以考虑把一段文本对应为一个整数序列。诚然，可以将每个文字或标点符号都对应为一个整数，例如将"我"对应为 5。进一步地，还可以将出现较频繁的词语也对应为一个整数，例如将"学习"对应为 78。这样做不仅有助于在使用比较少的整数的同时缩短整数序列的长度，还有助于让一个含义对应一个整数（相比于对应多个整数）。

这里提及的文字、标点符号、词语统称为符号（token），也称为词元。一个符号就是一小段不再被分割的文本。将一段文本划分成若干符号的过程称为符号化

（tokenization）。其逆过程，即将一系列符号合成为一段文本的过程，称为去符号化
（detokenization）。每个符号可与一个整数对应。与符号对应的整数被称为符号标识
（token identifier），即符号的唯一标识符。所有各不相同的符号的集合构成了词汇表
（vocabulary）。因符号与符号标识对应，故词汇表的大小（即词汇表中符号的数量）等
于符号标识的数量，即符号标识集合中元素的数量。

> SentencePiece 是 Google 公司开发的一种用于符号化文本数据的工具，支持字
> 节对编码（Byte Pair Encoding，BPE）等算法。可在 Anaconda Prompt 命令行输入
> pip install sentencepiece 命令安装 SentencePiece。
>
> 《陋室铭》是由唐代诗人刘禹锡所作的铭文。可通过扫描二维码下载该铭文的
> 文本文件。

《陋室铭》

由此，可通过符号化将一段文本对应为一个整数序列（即符号标识序列）。下面
通过实验 5-1 进一步理解符号化。

【实验 5-1】　使用 SentencePiece 符号化《陋室铭》。

提示：

（1）可使用 SentencePiece 中的 SentencePieceTrainer.train（）函数生成词汇表，其
参数 vocab_size 为词汇表的大小，本实验中可设置为 100，可通过参数 model_type＝
'bpe' 指定使用 BPE 算法。

（2）可使用 SentencePiece 中 SentencePieceProcessor 类的 encode（）方法和
decode（）方法分别完成符号化和去符号化。

如果独立编写实验程序仍有困难，可参考附录 A 中经过注释的实验程序。

当本实验中词汇表的大小为 100 时，文本"山不在高，有仙则名。"将被符号化为整
数序列（11，5，97，28，30，26，54，29）。该整数序列的长度与词汇表的大小有关：大致
而言，词汇表越大，整数序列的长度越小。

> 情感分类是一种文本分类任务，其将一段文本对应至"积极情感""消极情感"
> 或"中性情感"等类别之一。
>
> 影评数据集中的文本来源于电影评论。review_trainset.pt 文件和 review_
> testset.pt 文件分别为包含 25 000 个样本的训练数据集和 25 000 个样本的测试数
> 据集。样本标注的取值范围为 {0,1}，其中 0 代表"消极情感"，1 代表"积极情感"。
> 样本的输入序列为经过符号化得到的整数序列（符号标识序列），其最大长度为
> 256。词汇表的大小为 5000（即整数序列中每一项的取值范围都是 {0,1,2,…,
> 4999}）。该数据集可通过扫描二维码下载。

影评数据集

在通过符号化将文本对应为整数序列之后，就可以将整数序列作为输入序列输入 Transformer，继而训练模型，最后使用模型完成文本分类任务。在 4.4 节中提到过，在序列分类任务中，模型将其输入序列视为样本的输入序列（而非样本组的输入序列），可以使用编码器型 Transformer 完成文本分类任务。

【实验 5-2】 使用编码器型 Transformer 完成影评数据集上的情感分类任务。

提示：

（1）用 torch.load() 函数读取数据集文件时返回的第一个数组为输入序列，第二个数组为输入序列的长度，第三个数组为标注。

（2）为了在使用小批梯度下降法训练模型时支持不同长度的样本输入序列，可在"注意力机制"类的 forward() 方法中，根据小批中各个样本输入序列的长度生成掩码，借助于掩码将输入序列数组中超出输入序列长度的项对应的序列聚合中的权重置 0，并将超出输入序列长度的项对应的聚合向量置为 0 向量。

（3）可使用输入序列末项对应的模型输出向量（该向量中的元素为模型给出的将输入序列对应于各个类别的概率）给出分类结果，可通过索引数组（index array）对输入序列末项对应的模型输出向量进行索引。

（4）本实验中，学习率可以取 0.001，模型中向量的维数 d_{main} 可以为 128，批长可以为 64，Transformer 模型中的层数可以为 6，dropout 中的 p 可以取 0.1，epoch 的数量可设置为 10。

如果独立编写实验程序仍有困难，可参考附录 A 中经过注释的实验程序。

当本实验中的学习率为 0.001，模型中向量的维数 d_{main} 为 128，批长为 64，Transformer 的层数为 6，dropout 中的 p 为 0.1，epoch 的数量为 10，输入序列的最大长度为 256 时，该模型在训练数据集和测试数据集上的分类准确度曲线如图 5-1 所

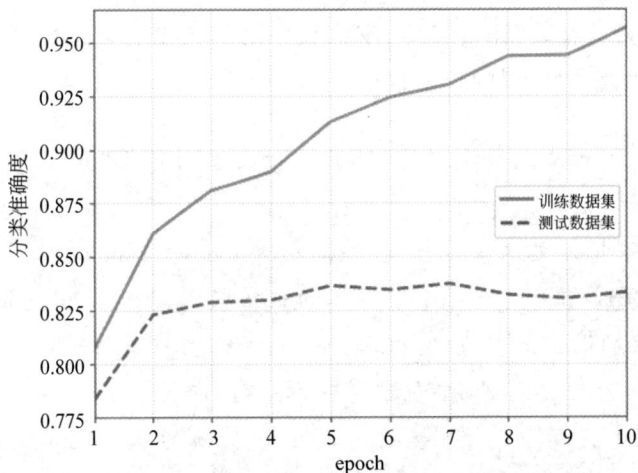

图 5-1　实验 5-2 中的分类准确度曲线

示。可见,在该情感分类任务中,使用 Transformer 架构在 epoch 数量比较小时就可以获得比较高的分类准确度。

5.2　文本生成

文本生成是根据给定文本生成更多文本的任务。在文本符号化得到的整数序列中,每一项的取值范围都是同一个有限集,故根据 2.3 节可知,文本生成是序列生成任务。可以使用解码器型 Transformer 完成序列生成任务。在训练过程中,解码器型 Transformer 可将其输入序列视为样本组的输入序列(而非样本的输入序列)。

> 童话数据集中的文本来源于童话故事。数据集中的 *fairytale_tokenid.pt* 文件包含由 215 882 个符号标识构成的序列。每个符号标识的取值范围都是 $\{0, 1, 2, \cdots, 4999\}$(词汇表的大小为 5000)。该数据集可通过扫描二维码下载。 童话数据集

在以下两个实验中,使用童话数据集训练解码器型 Transformer 模型预测输入序列的下一项,并使用 top-p 方法生成文本。

【实验 5-3】　使用解码器型 Transformer 完成童话数据集上的序列预测任务(使用样本组训练模型)。

提示:

(1) 参照 4.1 节从数据集中的符号标识序列划分出若干样本组,输入序列长度可以取 128。

(2) 可以将从符号标识序列尾部划分出来的若干样本组作为测试样本组,例如 32 000 个样本组。

如果独立编写实验程序仍有困难,可参考附录 A 中经过注释的实验程序。

当本实验中的样本组输入序列的长度为 128,测试样本组的数量为 32 000,其余设置与实验 5-2 相同时,该模型在训练数据集和测试数据集上的分类准确度曲线如图 5-2 所示。值得注意的是,本实验中由测试样本组给出的测试样本与由训练样本组给出的训练样本之间可能存在重复。如果测试数据集与训练数据集之间存在重复,那么提高训练数据集上的分类准确度可能也有助于提高测试数据集上的分类准确度。然而,图 5-2 中测试数据集上的分类准确度并未随训练数据集上的分类准确度提高而提高(甚至反而略有降低),这说明模型可能过拟合,尽管 epoch 的数量较少。

【实验 5-4】　使用实验 5-3 中的模型以及 top-p 方法生成符号标识序列,并将其对应为文本。

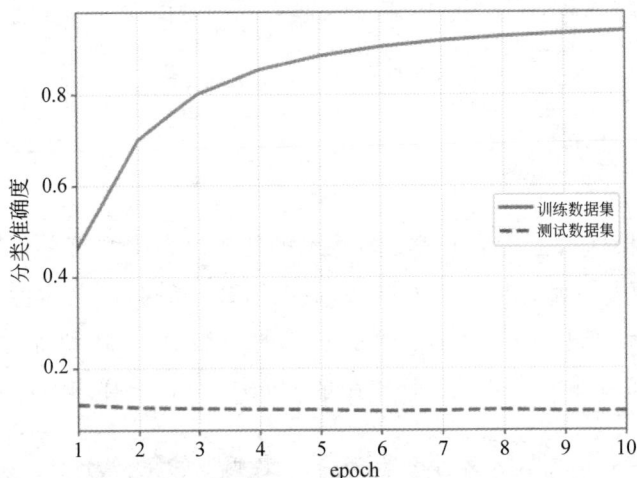

图 5-2 实验 5-3 中的分类准确度曲线

童话数据集中的 fairytale.model 文件是使用 SentencePiece 中的 SentencePieceTrainer.train() 函数为该数据集中的文本生成词汇表时输出的模型文件。

提示：

（1）生成的符号标识序列的长度无须超过 128，top-p 方法中的 p 可以取 0.6。

（2）初始符号标识序列可任取，例如把文本"很久很久以前"对应的符号标识序列作为初始符号标识序列。

如果独立编写实验程序仍有困难，可参考附录 A 中经过注释的实验程序。

本实验中生成的文本可能不够通顺，主要归因于童话数据集中符号标识的数量以及实验 5-3 中模型参数的数量都比较少（即数据集和模型都比较小）。

【练一练】 使用更大的数据集训练更大的模型生成文本。

在文本生成任务中，模型过拟合会导致生成的文本更加接近训练模型时使用的文本。当训练数据集足够大时，过拟合通常并不是一个严重问题，毕竟我们希望生成的文本更加符合我们的说话习惯。但是从另一个角度看，模型过拟合会降低生成文本的多样性（熵更小）。此外，当训练数据集较大时，会给创建测试数据集带来更大的挑战。

5.3 机器翻译

将一种语言（源语言）自动翻译成另一种语言（目标语言）是一种序列转换任务（将源语言语句的符号标识序列转换为目标语言语句的符号标识序列）。序列转换可以在给定序列（源语言语句的符号标识序列，以下简称为源符号标识序列）下生成序列(目标语言语句的符号标识序列,以下简称为目标符号标识序列)的方式实现。可以将给定序列看作条件序列,从而将序列转换任务看作带有条件序列的序列生成任务(以下简称为条件序列生成任务)。与序列生成和序列预测之间的关系相同,条件序列生成也是借助于条件序列预测得到序列下一项取各个值的概率,从而不断生成序列中的后续项。可以使用编解码器型 Transformer 完成条件序列生成任务。

在机器翻译任务中,样本由语句对(源语言语句及其对应的目标语言语句)给出。可以通过符号化将各个样本中的源语言语句和目标语言语句分别对应为源符号标识序列和目标符号标识序列。可以将源符号标识序列作为编解码器型 Transformer 编码器的输入。不过,解码器的输入序列和训练过程中所需的标注序列从何而来?

为此,引入两个特殊符号——序列开始(start of a sequence)符号和序列结束(end of a sequence)符号,分别用来表示序列即将开始和序列已经结束。这两个特殊符号都有自己的符号标识。由此,将依次由序列开始符号标识和目标符号标识序列构成的序列作为解码器的输入序列,将依次由目标符号标识序列和序列结束符号标识构成的序列作为训练过程中的标注序列。这种做法的优势是:在生成序列时,可以将序列开始符号标识作为解码器的初始输入序列(此时输入序列的长度为1),以此开始生成序列;当生成的序列下一项为序列结束符号标识时,就可以结束序列生成过程,并将已有的解码器输入序列作为生成的序列,由此可以解决生成序列长度事先未知的问题。需要注意的是,在训练过程中,解码器仍需将其输入序列看作样本组的输入序列(而非样本的输入序列)。

值得说明的是,在条件序列生成任务中,编码器输入的条件序列中各项的取值范围与标注序列和解码器输入序列中各项的取值范围既可以相同也可以不相同。因此,在机器翻译任务中,可以分别符号化数据集中的源语言语句和目标语言语句。

在实验 5-5 中,尝试使用编解码器型 Transformer 将英文语句翻译成中文语句。

语言翻译数据集中包含 34 118 个语句对对应的符号标识序列(整数序列)。

ch_sequence.pt 文件包含 34 118 个中文语句对应的符号标识序列,序列的最大长度为 82(若把特殊符号标识也计算在内)。其中的输入序列由序列开始符号标识及中文语句符号标识构成,标注序列由上述中文语句符号标识及序列结束符号标识构成,这两个序列的长度相等。

en_sequence.pt 文件包含 34 118 个英文语句对应的符号标识序列,序列的最大长度为 86(若把特殊符号标识也计算在内)。其中的条件序列由英文语句符号标识及序列结束符号标识构成。

两个文件中符号标识的取值范围都是 $\{0,1,2,\cdots,2999\}$(词汇表的大小为 3000)。该数据集可通过扫描二维码下载。

语言翻译
数据集

【实验 5-5】 使用编解码器型 Transformer 完成语言翻译数据集上的条件序列预测任务。

提示：

（1）用 torch.load()函数读取 ch_sequence.pt 文件时返回的第一个数组为输入序列，第二个数组为输入序列的长度，第三个数组为标注序列。注意将输入序列视为样本组的输入序列。

（2）用 torch.load()函数读取 en_sequence.pt 文件时返回的第一个数组为条件序列，第二个数组为条件序列的长度。

（3）将 34 118 个样本中的一部分样本划分至测试数据集，例如将排在后面的 6400 个样本划分至测试数据集。

（4）可在实验 5-2 程序中注意力机制类的 forward()方法的基础上，进一步支持使用不同输入数组分别作为 Q 路、K 路和 V 路的输入。

（5）在使用小批梯度下降法训练模型时，就解码器而言，每小批中样本组输入序列的长度往往不尽相同，也就是说每个样本组中样本的数量不尽相同，故每小批中样本的数量并不固定，因此在计算代价时不宜再除以每小批中样本组的数量（否则相当于对不同小批中的样本使用不同的学习率），可在创建 torch.nn.CrossEntropyLoss 类的对象时将其参数 reduction 设置为'sum'。

（6）本数据集标注序列二维数组中填充项（非标注序列中的项）的值为 0，故可在创建 torch.nn.CrossEntropyLoss 类的对象时将其参数 ignore_index 也设置为 0，以便在计算代价时避免将填充项对应的样本也包括在内。

如果独立编写实验程序仍有困难，可参考附录 A 中经过注释的实验程序。

当本实验中 Transformer 编码器和解码器的序列最大长度分别为 86 和 82，词汇表大小为 3000，测试样本的数量为 6400，epoch 的数量为 30，其余设置与实验 5-3 相同时，该模型在训练数据集和测试数据集上的分类准确度曲线（将 Transformer 解码器的输入序列看作样本组的输入序列时）如图 5-3 所示。看起来模型的预测性能还不错。那么，使用训练出来的模型翻译语句的实际效果如何？

【实验 5-6】 使用实验 5-5 中的模型以及 2.3 节中的 top-p 方法完成语言翻译数据集上的机器翻译任务。

语言翻译数据集中的 ch.model 文件和 en.model 文件分别为使用 SentencePiece 中的 SentencePieceTrainer.train()函数为该数据集中的中文文本和英文文本生成词汇表时输出的模型文件。

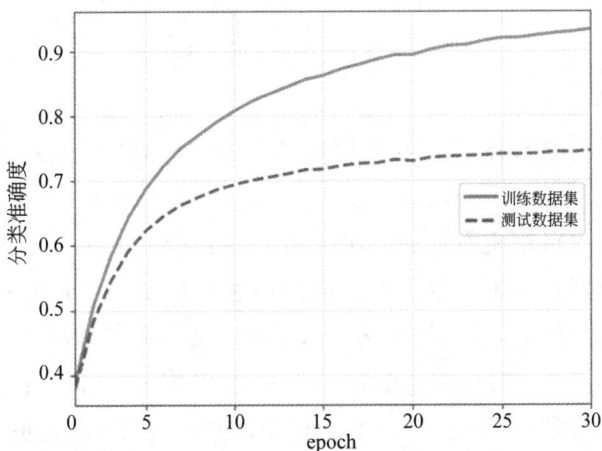

图 5-3　实验 5-5 中的分类准确度曲线

提示：

在语言翻译数据集中，序列开始符号标识的值为 1，序列结束符号标识的值为 2。

如果独立编写实验程序仍有困难，可参考附录 A 中经过注释的实验程序。

使用实验 5-5 中的模型翻译测试数据集中的英文语句。在测试数据集中的一些样本上，使用实验 5-5 中的模型及 top-p 方法可以得到较准确的译文。例如，模型在测试数据集中第二个样本上的输出序列对应的文本（即译文）为"焦急的学生准备即将到来的考试"。该样本中条件序列对应的文本（即原文）为"anxious students prepared for the upcoming exam"，标注序列对应的文本（即参考译文）为"焦急的学生们为即将到来的考试做着准备"。不过，模型在一些样本上给出的译文并不够理想。例如，模型在测试数据集中第四个样本上的输出序列对应的文本为"她打电视剧表演"。而该样本中条件序列对应的文本为"she watches TV shows"，标注序列对应的文本为"她看电视节目"。为了提高总体译文质量，可以将生成序列时使用的 top-p 方法替换为更加"复杂"的方法，例如束搜索（beam search）方法。

【试一试】　自学并实现束搜索方法，使用实验 5-5 中的模型以及束搜索方法完成语言翻译数据集上的机器翻译任务。

可以使用 BLEU 等指标评估译文质量。BLEU 用来衡量译文与参考译文之间的相似程度，其值的范围为 0～1（越接近 1 相似程度越高）。

【试一试】　使用 BLEU 评估实验 5-5 中的模型在语言翻译测试数据集上的译文质量。

提示：可使用 torcheval.metrics.functional.bleu_score() 函数计算 BLEU 的值，可使用 jieba 组件将中文语句分解为若干词语。

5.4 语音分类

语音处理被认为是自然语言处理领域的任务之一，其主要关注语音信号的处理方法。一段语音信号是一个时间序列。

单声道语音信号可用实数序列表示。图 5-4(a)给出了一段单声道语音信号的时域波形，横轴代表时间，纵轴表示振幅。语音信号实数序列的长度等于语音信号的持续时长乘以采样率。例如，若采样率为 48 000Hz，则一段持续时长为 20s 的语音信号对应的实数序列长度为 960 000。可见，语音信号实数序列可能会比较长。若将比较长的序列直接输入机器学习模型，会增大模型的训练难度（需要更多的训练数据、更大的模型和更长的训练时间）。

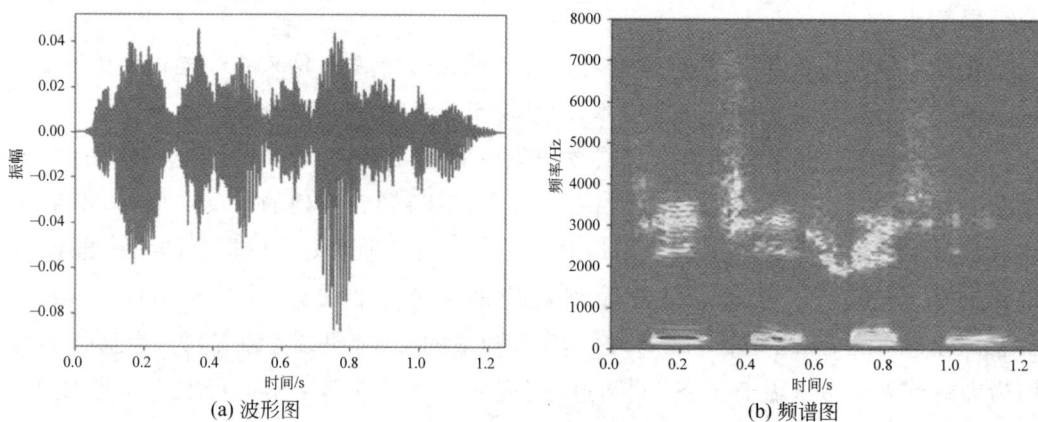

(a) 波形图　　　　　　　　　　　　　　(b) 频谱图

图 5-4　语音信号的波形图和频谱图

因此，通常的做法是，先对语音信号做一系列处理，包括分帧（将语音信号划分成一系列在时间上重叠的帧）、加窗（对每一帧信号使用窗函数）、短时傅里叶变换（对每一帧信号做离散傅里叶变换）等，再将处理后得到的长度较短的序列输入机器学习模型。在本书中，将对每一帧加窗后的语音信号做短时傅里叶变换得到的频谱（单边幅度谱）作为一个向量，由此将一段语音信号对应为一个向量序列，再将该向量序列作为 Transformer 模型的输入序列或条件序列。其中，每帧语音信号的帧长为 25ms，帧移（相邻两帧起点之间的时间差）为 10ms，加窗中使用的窗函数为汉宁窗（Hanning window）。可以将上述向量序列看作一幅频谱图（spectrogram）。作为示例，图 5-4(b)给出了图 5-4(a)语音信号的频谱图，横轴代表时间，纵轴代表频率，颜色代表振幅大小。频谱图反映了信号的频谱随时间变化的情况。

语音分类是语音信号上的分类任务，包括语音命令识别、语言识别、语音激活检测、语音情感分类等任务。可以使用编码器型 Transformer 完成语音分类任务。在实验 5-7 中,以语音命令识别任务为例,使用编码器型 Transformer 完成语音分类任务。

【实验 5-7】 使用编码器型 Transformer 完成语音命令数据集上的语音分类任务。

可将语音命令识别看作多分类任务:识别一段语音中包含哪一条命令(例如
"前进""后退""停止"之类的命令)。

本实验中使用的语音命令数据集可通过运行 speech_commands_dataset.ipynb
文件中的代码下载并生成。该 ipynb 文件可通过扫描二维码下载。

生成的 sc_trainset.pt 文件中包含 20 480 个训练样本,sc_testset.pt 文件中包含
2048 个测试样本。样本中输入序列的最大长度为 101,输入序列中的每一项都是
201 维向量(一帧采样率为 16 000Hz 的语音信号的单边幅度谱)。样本标注的取值
范围是 $\{0,1,2,\cdots,34\}$(对应 35 条命令)。

语音命令
数据集

提示:

(1) 用 torch.load()函数读取 sc_trainset.pt 和 sc_testset.pt 文件时返回的第一个
数组为输入序列,第二个数组为输入序列的长度,第三个数组为标注。

(2) 由于本实验中 Transformer 模型的输入序列为向量序列(而非整数序列),故
无须再对输入序列中的各项做嵌入。但由于输入序列中向量的维数与 Transformer
中向量的维数不相等,可通过仿射映射改变向量的维数。

(3) 学习率可以取 0.0001。

如果独立编写实验程序仍有困难,可参考附录 A 中经过注释的实验程序。

当本实验中 Transformer 编码器的序列最大长度为 101,学习率为 0.0001,epoch
的数量为 100,其余设置与实验 5-6 相同时,该模型在训练数据集和测试数据集上的分
类准确度曲线如图 5-5 所示。可见,就本实验中的设置、模型以及数据集而言,在语音
分类任务中使用 Transformer 架构可以获得比较高的分类准确度。

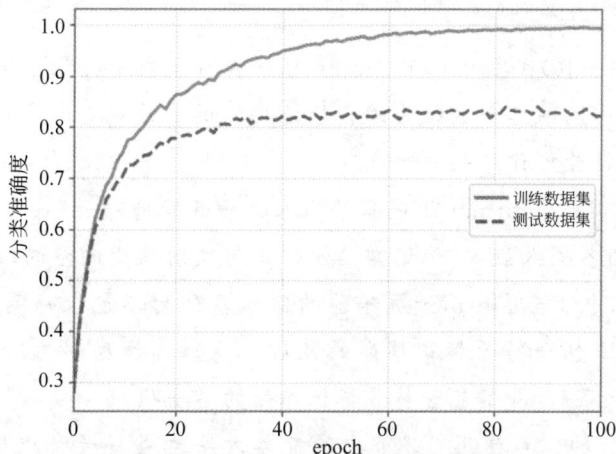

图 5-5 实验 5-7 中的分类准确度曲线

5.5　语音转文本

实验 5-7 中的语音命令识别不仅是语音分类任务，也是相对简单的语音识别任务。语音识别中一个更具挑战性的任务是语音转文本（Speech-To-Text，STT），即根据语音给出与语音相对应的文本。这是一个序列转换任务，可以参照机器翻译任务中的做法使用编解码器型 Transformer 完成该任务。

【实验 5-8】　使用编解码器型 Transformer 完成 LJ 语音数据集上的语音转文本任务。

> LJ 语音数据集包含 13 100 个语音与文本对应的语音文本对。实验中使用的 LJ 语音数据集可通过运行 ljspeech_dataset.ipynb 文件中的代码下载并生成。该 ipynb 文件可通过扫描二维码下载。
>
> 生成的 lj_trainset.pt 文件中包含 3200 个训练样本，lj_testset.pt 文件中包含 256 个测试样本。每个样本都包含两个序列：一个语音频谱序列（序列中的向量为一帧采样率为 22 050Hz 的语音信号的单边幅度谱）和一个符号标识序列（由语音对应的文本经过符号化得出）。
>
> 语音频谱序列的最大长度为 512，序列中的每一项都是 276 维向量。
>
> 符号标识序列的最大长度为 73，其中每一项的取值范围都是 $\{0,1,2,\cdots,99\}$（词汇表的大小为 100）。每个序列的第一项都为序列开始符号标识（其值为 1），最后一项都为序列结束符号标识（其值为 2）。
>
> transcription_100.model 文件是使用 SentencePiece 中的 SentencePieceTrainer.train() 函数为该数据集中的文本生成词汇表时输出的模型文件。

LJ 语音
数据集

提示：

（1）用 torch.load() 函数读取 lj_trainset.pt 和 lj_testset.pt 文件时返回的第一个数组为语音频谱序列，第二个数组为语音频谱序列的长度，第三个数组为符号标识序列，第四个数组为符号标识序列的长度。

（2）本实验中 Transformer 编码器的输入为语音频谱序列（向量序列），编码器中无须对该序列中的各项做嵌入，但仍需要使用仿射映射改变向量的维数。

（3）训练过程中 Transformer 解码器的输入序列为不包含序列结束符号标识的符号标识序列（即不包含符号标识序列的最后一项），标注序列为不包含序列开始符号标识的符号标识序列（即不包含符号标识序列的第一项）。

（4）在预测过程中，可使用 2.3 节中的贪婪方法生成符号标识序列，再将该序列通过去符号化对应为文本。

　　如果独立编写实验程序仍有困难，可参考附录 A 中经过注释的实验程序。

　　当本实验中 Transformer 编码器和解码器的序列最大长度分别为 512 和 72，词汇表大小为 100，epoch 的数量为 300，其余设置与实验 5-7 相同时，该模型在训练数据集和测试数据集上的分类准确度曲线（若将 Transformer 解码器的输入序列看作样本组的输入序列，将预测符号标识序列的下一项看作分类任务）如图 5-6 所示。进一步使用训练出来的模型在训练数据集和测试数据集上根据语音生成文本。可以发现，模型在测试数据集上生成的文本中单词的读音与参考文本中单词的读音存在接近之处。当然，模型在训练数据集上生成文本的质量更好，甚至与参考文本完全相同。这表明使用编解码器型 Transformer 可以有效完成语音转文本任务。

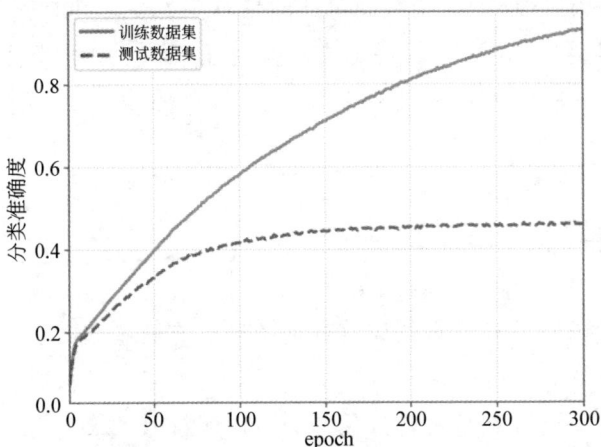

图 5-6　实验 5-8 中的分类准确度曲线

　　可以使用词错误率（Word Error Rate，WER）等指标评估语音转文本任务中模型的性能。WER 值越小，模型性能越好。

　　【练一练】　使用词错误率评估实验 5-8 中模型在语音转文本任务中的性能。

　　提示：

　　可使用 torcheval.metrics.functional.word_error_rate() 函数计算词错误率。

　　实验 5-8 中的模型在训练数据集上的词错误率约为 0.66，在测试数据集上的词错误率约为 0.99。

5.6　本章小结

　　自然语言处理是 Transformer 架构的重要应用领域之一。本章以文本分类、文本生成、机器翻译、语音分类、语音转文本等自然语言处理领域中的任务为例，演示如何在自然语言处理领域应用 Transformer 架构。在使用 Transformer 架构解决实际问题时，需要考虑如何将数据表示为可以输入 Transformer 模型的整数序列、实数序列或向量序列，并根据不同的任务类型选择使用不同类型的 Transformer。

为了将一段文本对应为一个整数序列（以便输入 Transformer 模型），可先将文本划分成若干符号，再将每个符号对应为一个整数（符号标识）。进一步地，还可根据需要在文本之前添加序列开始符号，在文本之后添加序列结束符号。Transformer 模型中的嵌入模块可将文本对应的整数序列映射为 d_{main} 维向量序列。

对语音信号而言，其对应的实数序列比较长。因此，通常先对语音信号做一系列处理，将语音信号对应为长度更短的向量序列（尽管其中向量的维数可能比较大），再将该向量序列输入 Transformer 模型。此时 Transformer 模型可借助于仿射映射、神经网络等方法，将其输入序列中维数固定的向量对应为 d_{main} 维向量。

可使用编码器型 Transformer 完成文本分类任务和语音分类任务，使用解码器型 Transformer 完成文本生成任务，使用编解码器型 Transformer 完成机器翻译任务和语音转文本任务。

5.7　思考与练习

1. 什么是自然语言处理？自然语言处理领域中有哪些可以使用机器学习方法完成的任务？可在查找资料后作答。

2. 什么是符号化？什么是去符号化？如何理解符号？

3. 在实验 5-2 中，是否可以使用模型输出的向量序列中的第一个向量（而不是最后一个向量）给出分类结果？为什么？

4. 通过符号化文本，创建一个包含至少 1000 万个符号标识的数据集。用该数据集训练一个解码器型 Transformer 模型，并用该模型生成文本。

5. 使用 Transformer 架构完成语音处理任务有何挑战？有哪些解决办法？可在查找资料后作答。

6. 尝试使用编解码器型 Transformer 完成文本-语音转换（Text To Speech，TTS）任务。

第 6 章

Transformer 架构在计算机视觉领域的应用

除了自然语言处理领域,Transformer 架构在计算机视觉(computer vision)等领域也大有作为。计算机视觉主要关注如何让计算机从图像、视频等视觉输入中获取有意义的信息并理解视觉世界。本章将探索如何使用 Transformer 架构完成图像分类、图像说明、视频分类、视频预测等计算机视觉领域中的任务。

6.1 图像分类

图像分类是图像数据的分类任务。图像是一种视觉表示。图像既可以是二维的,例如照片;也可以是三维的,例如全息图。图像又可分为光栅图像和矢量图像两种类型,前者具有固定的图像尺寸,是以像素为单位的图像高度和图像宽度。像素是构成数字图像的元素,而数字图像是指由有限个取值范围为有限集的像素构成的图像。

本书中提及的图像指的是二维光栅数字图像,包括灰度图像和彩色图像。灰度图像(单色图像)中像素的值为实数(代表亮度),故可用一个矩阵(二维数组)表示一幅灰度图像(矩阵的行数和列数分别对应图像的高度和宽度)。通常用 8 位无符号整数保存矩阵中每个元素的值,故每个值的取值范围为$[0,255]$。彩色图像中像素的值为三维向量,向量中的每个元素分别代表红色、绿色和蓝色的亮度,故可用一个三维数组表示一幅彩色图像。同样,三维数组中每个元素的取值范围通常都是$[0,255]$。例如,图像尺寸为 1920×1080 的彩色图像可用大小为$(3,1920,1080)$的三维数组表示。该三维数组中元素的数量为 6 220 800。

可以将上述三维数组合并成一维数组直接输入至深度神经网络等可用来完成分类任务的机器学习模型,以完成图像分类任务。不过,当图像尺寸比较大(数组中元素的数量比较多)时,深度神经网络模型中参数的数量也比较大。更重要的是,当训练样本的数量比较少时,将比较大的上述一维数组直接作为输入向量输入至深度神经网络等模型,容易导致模型过拟合,从而影响模型的泛化性能。

因此,在计算机视觉等领域,人们通常先从图像中提取特征并在一定范围内聚合提取的特征,再将最终聚合结果合并成一维数组(该一维数组中元素的数量远小于输入图像三维数组中元素的数量)作为输入向量输入至逻辑回归、神经网络、深度神经网络等可用来完成分类任务的机器学习模型,以完成图像分类等任务。这些处理过程合在一起构成了卷积神经网络。

图 6-1 给出了可用于多分类任务的卷积神经网络。该卷积神经网络中分类模型以前只有一个卷积层(convolutional layer)和一个聚合层(pooling layer)。该卷积神经网络的输入是形状为$(3,h_{in},w_{in})$的三维数组。其中,h_{in} 和 w_{in}分别是以像素为单位的输入图像的高度和宽度,3 为红、绿、蓝 3 种色彩的数量(也被称为输入通道的数量)。

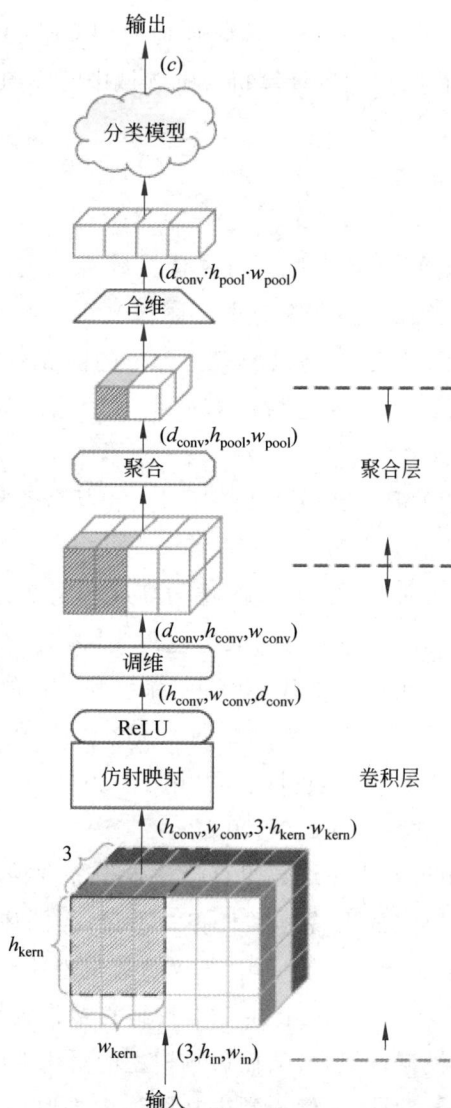

图 6-1   可用于多分类任务的卷积神经网络(单卷积层、单聚合层)

卷积层中有一组仿射映射及 ReLU 激活函数模块,该模块将 $3 \cdot h_{\text{kern}} \cdot w_{\text{kern}}$ 维的输入向量映射为 d_{conv} 维的输出向量(d_{conv} 是一个人工设置的超参数)。这里的 h_{kern} 和 w_{kern} 分别为核(也称为滤波器)的高度和宽度。卷积层先从形状为 $(3, h_{\text{in}}, w_{\text{in}})$ 的三维输入数组中切分出 $h_{\text{conv}} \cdot w_{\text{conv}}$ 个较小的三维数组[其形状为 $(3, h_{\text{kern}}, w_{\text{kern}})$],如图 6-2 所示,并将每个较小的三维数组中所有的 $3 \cdot h_{\text{kern}} \cdot w_{\text{kern}}$ 个元素合在一起作为一个向量输入上述仿射映射模块。由此,仿射映射及 ReLU 激活函数模块输出 $h_{\text{conv}} \cdot w_{\text{conv}}$ 个 d_{conv} 维向量,构成一个形状为 $(h_{\text{conv}}, w_{\text{conv}}, d_{\text{conv}})$ 的三维数组。由于 PyTorch 中卷积函数输出数组的形状为 $(d_{\text{conv}}, h_{\text{conv}}, w_{\text{conv}})$,故为了与 PyTorch 保持一致,图 6-1 中添加了一个调维模块,该模块将形状为 $(h_{\text{conv}}, w_{\text{conv}}, d_{\text{conv}})$ 的三维数组调整为形状为 $(d_{\text{conv}}, h_{\text{conv}}, w_{\text{conv}})$ 的三维数组。调维模块并不改变数组中的元素,只改变数组中元素的索引。图 6-3 给出了一个将形状为 $(3, 4, 5)$ 的三维数组调整为形状为 $(4, 5, 3)$ 的三维数组的例子。可见,可以姑且将调维理解为"换一个视角看同一个数组"。上述调维模块输出的形状为 $(d_{\text{conv}}, h_{\text{conv}}, w_{\text{conv}})$ 的三维数组就是卷积层的输出数组,故 d_{conv} 也被称为卷积层输出通道的数量。

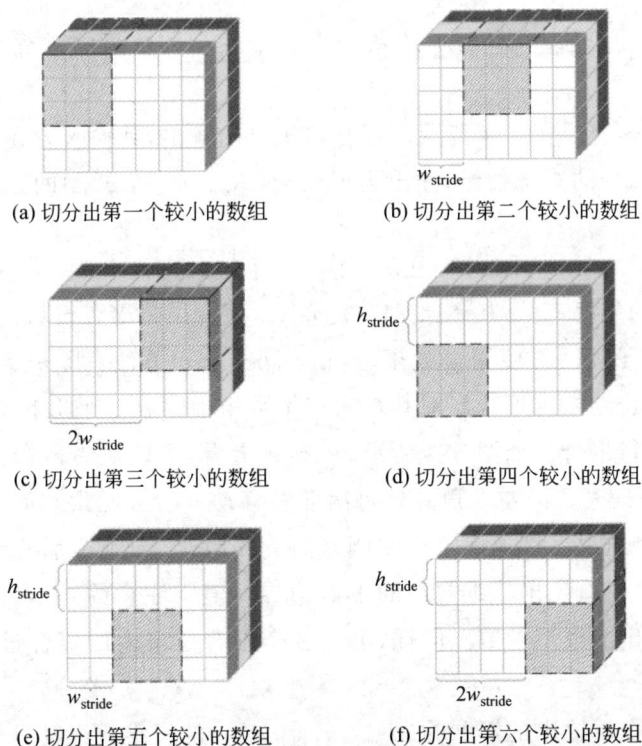

(a) 切分出第一个较小的数组　　　　(b) 切分出第二个较小的数组

(c) 切分出第三个较小的数组　　　　(d) 切分出第四个较小的数组

(e) 切分出第五个较小的数组　　　　(f) 切分出第六个较小的数组

图 6-2　从卷积层输入数组中切分出较小数组的示例

在卷积层从三维输入数组[其形状为 $(3, h_{\text{in}}, w_{\text{in}})$]中切分出若干较小的三维数组[其形状为 $(3, h_{\text{kern}}, w_{\text{kern}})$]的过程中,从形式上看,可以认为卷积层按照从左至右、从

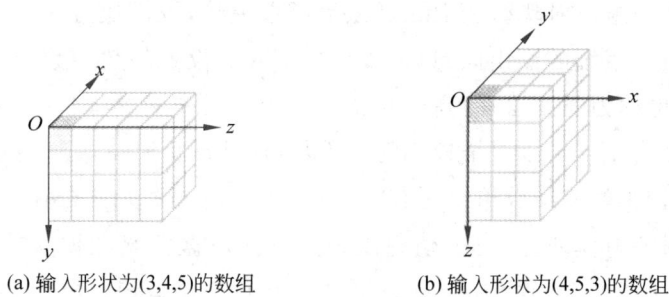

(a) 输入形状为(3,4,5)的数组   (b) 输入形状为(4,5,3)的数组

图 6-3   调维示例

上至下的顺序从输入数组中依次切分出若干较小的数组。其中，左右相邻的两个较小的数组之间相距 w_{stride} 个像素（w_{stride} 为宽度跨度），上下相邻的两个较小的数组之间相距 h_{stride} 个像素（h_{stride} 为高度跨度）。在图 6-2 给出的示例中，$h_{in}=5$，$w_{in}=7$，$h_{kern}=3$，$w_{kern}=3$，$h_{stride}=2$，$w_{stride}=2$，$h_{conv}=2$，$w_{conv}=3$。更一般地，h_{conv} 和 w_{conv} 可根据算式计算得出：

$$h_{conv}=\left\lfloor \frac{h_{in}-h_{kern}}{h_{stride}}+1 \right\rfloor, \quad w_{conv}=\left\lfloor \frac{w_{in}-w_{kern}}{w_{stride}}+1 \right\rfloor$$

其中，$\lfloor \cdot \rfloor$ 表示向下取整。当然，上述切分出各个较小的数组的过程是可以"同时"进行的。

图 6-1 中的聚合层在一定范围内聚合卷积层的输出，其输入为卷积层输出的形状为 $(d_{conv},h_{conv},w_{conv})$ 的三维数组，输出为形状为 $(d_{conv},h_{pool},w_{pool})$ 的三维数组。其中，

$$h_{pool}=\left\lfloor \frac{h_{conv}}{h_{win}} \right\rfloor, \quad w_{pool}=\left\lfloor \frac{w_{conv}}{w_{win}} \right\rfloor$$

h_{win} 为聚合窗口的高度，w_{win} 为聚合窗口的宽度。聚合层将聚合窗口内的 $h_{win} \cdot w_{win}$ 个元素聚合成一个元素。常使用最大聚合（max pooling）方法：将 $h_{win} \cdot w_{win}$ 个元素中的最大值作为聚合结果。聚合层对其输入三维数组中的 d_{conv} 个形状为 (h_{conv},w_{conv}) 的二维数组分别进行聚合。如图 6-4 所示，从形式上看，可以认为聚合窗口从二维数组 [其形状为 (h_{conv},w_{conv})] 的左上角开始每次向右移动 w_{win} 个元素。如果聚合窗口超出了二维数组的右侧边界，则返回至最左侧并向下移动 h_{win} 个元素后重新开始。如此反复进行，直到聚合窗口超出二维数组的下侧边界。值得注意的是，聚合层中没有需要在训练过程中确定的模型参数。同样，上述各个聚合窗口内的聚合过程也是可以"同时"进行的。

图 6-1 中聚合层输出的形状为 $(d_{conv},h_{pool},w_{pool})$ 的三维数组经过合维模块被合并成形状为 $(n_{conv} \cdot h_{pool} \cdot w_{pool})$ 的一维数组，作为后续逻辑回归、神经网络、深度神经网络等分类模型的输入向量。该分类模型的输出就是卷积神经网络的输出。

在实验 6-1 和实验 6-2 中，先尝试使用卷积神经网络完成 CIFAR-10 数据集上的

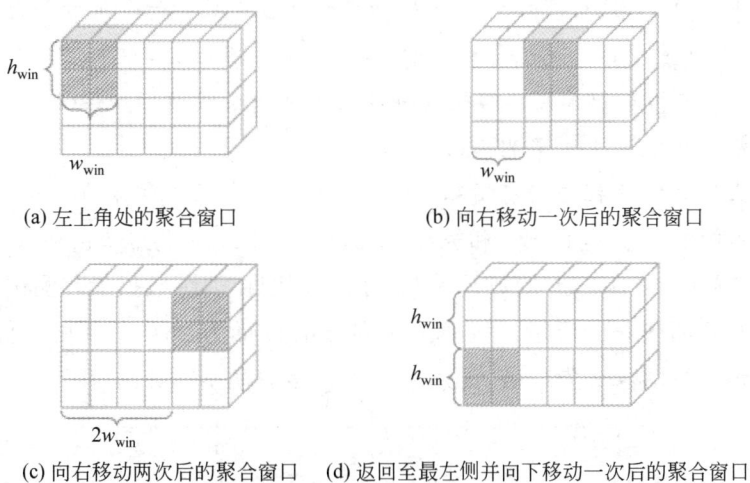

(a) 左上角处的聚合窗口　　　　(b) 向右移动一次后的聚合窗口

(c) 向右移动两次后的聚合窗口　(d) 返回至最左侧并向下移动一次后的聚合窗口

图 6-4　聚合窗口示例

图像分类任务,再尝试使用编码器型 Transformer 完成该数据集上的图像分类任务。

【实验 6-1】　使用卷积神经网络完成 CIFAR-10 数据集上的图像分类任务。

> CIFAR-10 数据集中共有 60 000 个样本(50 000 个训练样本及 10 000 个测试样本),每个样本由一幅分辨率为 32×32 的彩色图像及其对应的标注组成。标注的取值范围是 $\{0,1,2,\cdots,9\}$(分别对应"飞机""汽车"等 10 个类别之一)。
>
> 扫描二维码下载可以读取该数据集的 Jupyter Notebook 参考程序。

CIFAR
数据集

提示:

(1) 在读取该数据集的 Jupyter Notebook 程序中,已借助 torchvision.transforms.ToTensor 类将取值范围为 $[0,255]$ 的像素值缩放至 $[0,1]$ 区间。读取该数据集前需导入 torchvision 包。

(2) 卷积层可使用 torch.nn.Conv2d 类实现。创建 torch.nn.Conv2d 类的对象时的参数 in_channels 是输入通道的数量(本实验中为 3),out_channels 是输出通道的数量(即 d_{conv},可以取 8),kernel_size 是核的大小(对应 h_{kern} 和 w_{kern},可以取 5),stride 是切分较小的三维数组时的跨度(对应 h_{stride} 和 w_{stride},可以取 3)。

(3) 最大聚合层可使用 torch.nn.MaxPool2d 类实现。创建 torch.nn.MaxPool2d 类的对象时的参数 kernel_size 是聚合窗口的大小(对应 h_{win} 和 w_{win},可以取 2)。

(4) 在本实验中,

$$h_{pool}=\left\lfloor\frac{h_{conv}}{h_{win}}\right\rfloor=\left\lfloor\frac{\left\lfloor\dfrac{h_{in}-h_{kern}}{h_{stride}}+1\right\rfloor}{h_{win}}\right\rfloor=\left\lfloor\frac{\left\lfloor\dfrac{32-5}{3}+1\right\rfloor}{2}\right\rfloor=5$$

w_{pool} 同样也为 5，若 d_{conv} 取 8，则展开经过一个卷积层和一个聚合层得到的三维数组，将得到元素数量为 $d_{conv} \cdot h_{pool} \cdot w_{pool} = 5 \times 5 \times 8 = 200$ 的一维数组。

（5）图 6-1 中的卷积神经网络模型可以使用多分类逻辑回归（softmax 回归）。

（6）本实验中的学习率可以取 0.001。

如果独立编写实验程序仍有困难，可参考附录 A 中经过注释的实验程序。

当本实验中的 d_{conv} 为 8，h_{kern} 和 w_{kern} 为 5，h_{stride} 和 w_{stride} 为 3，h_{win} 和 w_{win} 为 2，批长为 64，学习率为 0.001，epoch 的数量为 20 时，该模型在训练数据集和测试数据集上的分类准确度曲线如图 6-5 所示。该模型中参数的数量为 2618。可见，使用卷积神经网络可以有效完成图像分类任务，无须引入比较多的模型参数。

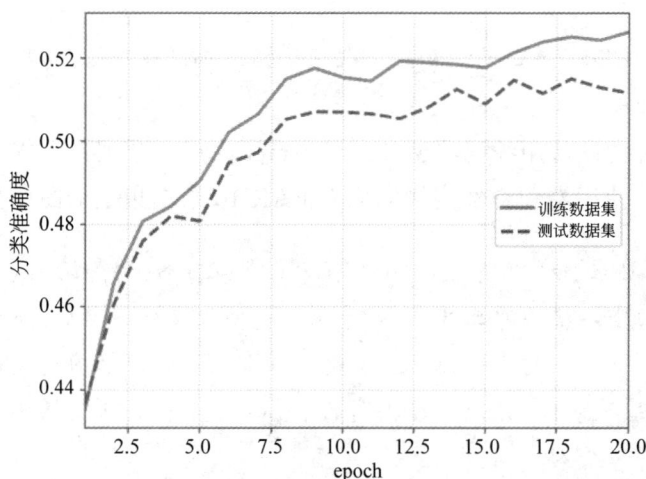

图 6-5　实验 6-1 中的分类准确度曲线

【**实验 6-2**】　使用编码器型 Transformer 完成 CIFAR-10 数据集上的图像分类任务。

提示：

（1）为了减少模型的参数数量，可以同样先用一个卷积层和一个聚合层从图像中提取并聚合特征（而非将图像三维数组直接输入编码器型 Transformer）。

（2）可将聚合层输出的三维数组展开成二维数组（而非一维数组），将该二维数组作为向量序列输入编码器型 Transformer。

（3）本实验中的学习率仍可以取 0.001。

如果独立编写实验程序仍有困难，可参考附录 A 中经过注释的实验程序。

当本实验中 Transformer 的层数为 2，Transformer 中向量的维数 d_{main} 为 8，输入序列的最大长度 l 为 25，dropout 中的 p 为 0.1，其余设置与实验 6-1 相同时，该模型在训练数据集和测试数据集上的分类准确度曲线如图 6-6 所示。该模型中参数的数量为 2514，接近实验 6-1 中模型的参数数量。可见，尽管使用编码器型 Transformer 模型可以完成图像分类任务,但当模型参数数量相仿时,就本实验中使用的数据集与设置而言,Transformer 模型的分类准确度可能不及卷积神经网络模型的分类准确度。

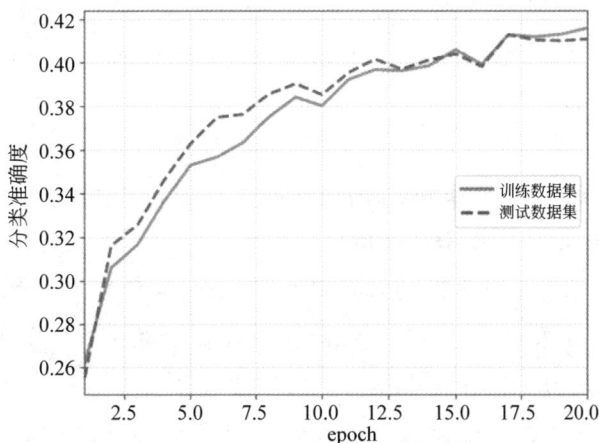

图 6-6　实验 6-2 中的分类准确度曲线

6.2　图像说明

图像说明(image captioning)是为给定图像生成文字说明的任务。在 5.2 节中,使用解码器型 Transformer 生成了文本。若将图像看作序列数据(例如将图像中的一部分或者将整幅图像对应为序列中的一项,从而得到一个序列),则可以使用编解码器型 Transformer 完成图像说明任务。

CocoCaptions 数据集中的每个样本由一幅彩色图像和多个文本标注组成,每个文本标注都可以作为该图像的文字说明。

由于该数据集中的样本比较多,本实验仅使用其中的一部分样本以及样本中的第一个文本标注。扫描二维码分别下载该数据集中的部分图像、部分文本标注以及用来读取并处理该数据集的 Jupyter Notebook 参考程序。在使用该数据集之前,还需安装 Coco API 或 pycocotools(命令为 pip install pycocotools)。

由于该数据集中图像的分辨率更大(相比于 CIFAR-10 数据集中图像的分辨率),故 Jupyter Notebook 参考程序先使用 ResNet-18 模型(一个卷积神经网络预训练模型)将数据集中的每幅图像都对应为一个 1000 维的向量。这些向量被保存在 resnet_outputs.pt 文件中。

此外,Jupyter Notebook 参考程序还使用 SentencePiece 符号化每个样本中的第一个文本标注(词汇表的大小为 1000),得到的符号标识序列的最大长度为 88(包

CocoCaptions 图像

CocoCaptions 文本标注

CocoCaptions 参考程序

括序列开始符号标识和序列结束符号标识）。这些符号标识序列被保存在 caption_tokenids.pt 文件中。

【实验 6-3】　使用编解码器型 Transformer 完成 CocoCaptions 数据集上的图像说明任务。

提示：

（1）用 torch.load()函数读取 caption_tokenids.pt 文件时返回的第一个数组为符号标识序列，第二个数组为符号标识序列的长度。

（2）可将前 32 000 个样本作为训练样本，其余样本作为测试样本。

（3）可将每幅图像对应的 1000 维向量经过仿射映射（以及 dropout）后得到的 d_{main} 维向量作为长度为 1 的 Transformer 编码器输出序列。

（4）训练过程中可将符号标识序列的前 $t-1$ 项作为 Transformer 解码器的输入序列（样本组的输入序列），将符号标识序列的后 $t-1$ 项作为 Transformer 解码器的标注序列，t 为符号标识序列的长度。

（5）本实验中的学习率可以取 0.001，d_{main} 可以取 256。

（6）可以尝试使用贪婪方法为测试样本中的图像生成文字说明。

如果独立编写实验程序仍有困难，可参考附录 A 中经过注释的实验程序。

当本实验中 Transformer 解码器的层数为 6，d_{main} 为 256，解码器输入序列的最大长度 l 为 87，训练样本的数量为 32 000，epoch 的数量为 30，其余设置与实验 6-2 相同时，该模型在训练数据集和测试数据集上的分类准确度曲线（若将 Transformer 解码器的输入序列看作样本组的输入序列，将预测符号标识序列的下一项看作分类任务）如图 6-7 所示。可见，即便使用 ResNet-18 模型替代 Transformer 编码器，编解码器型 Transformer 仍可胜任图像说明任务。

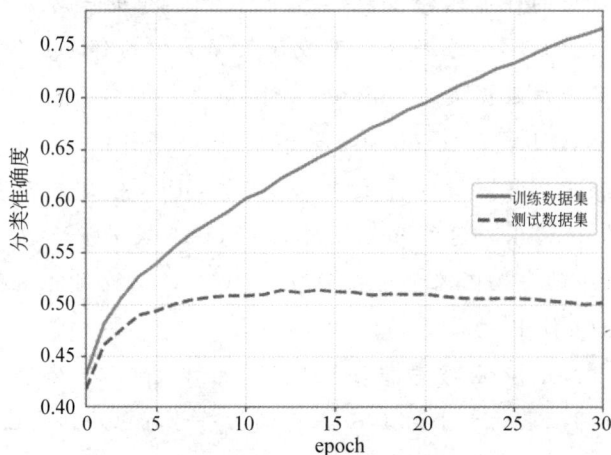

图 6-7　实验 6-3 中的分类准确度曲线

6.3　视频分类

视频(数字视频)是由一系列图像组成的图像序列。其中的图像被称为视频帧。由于一幅彩色图像可用一个三维数组表示,故由一系列彩色图像组成的视频可用一个四维数组表示。

视频分类是将整个视频对应为一个类别的任务。例如,识别视频中拍摄对象所做的动作(包括跳绳、打太极拳、拉小提琴等),是一个视频分类任务。若将视频中的每幅图像都看作序列中的一项,则视频分类成为序列分类任务。可以使用编码器型 Transformer 完成视频分类任务。

【实验 6-4】　使用编码器型 Transformer 完成 UCF101 数据集上的视频分类任务。

> UCF101 数据集中有 13 320 段动作视频,视频的帧率为 25Hz,每段动作视频对应 101 个动作类别中的一个。
>
> 扫描二维码分别下载该数据集中的视频、标注(视频所属类别)以及用来读取并处理该数据集的 Jupyter Notebook 参考程序。
>
> 该参考程序先从这些视频中划分出若干长度固定为 64 帧的视频片段,再使用 ResNet-18 模型将视频中的每帧都对应为 1000 维向量,从而将每个视频片段都对应为长度为 64 的向量序列(序列中向量的维数为 1000)。
>
> 将视频片段对应的向量序列作为样本的输入序列,并将视频片段对应的类别作为样本的标注(样本标注的取值范围是 $\{0,1,2,\cdots,100\}$),由此得到本实验中使用的训练数据集和测试数据集。其中,训练数据集被保存在 ucf101_resnet_trainset.pt 文件中,包含 9600 个样本;测试数据集被保存在 ucf101_resnet_testset.pt 文件中,包含 1920 个样本。

UCF101
视频

UCF101
标注

UCF101
参考程序

提示:

(1) 用 torch.load() 函数读取 ucf101_resnet_trainset.pt 或 ucf101_resnet_testset.pt 文件时返回的第一个数组为输入序列,第二个数组为标注。

(2) 可将输入序列中的 1000 维向量仿射映射为 d_{main} 维向量。

如果独立编写实验程序仍有困难,可参考附录 A 中经过注释的实验程序。

当本实验中 Transformer 的层数为 6,d_{main} 为 128,输入序列的最大长度 l 为 64,epoch 的数量为 10,其余设置与实验 6-3 相同时,该模型在训练数据集和测试数据集上的分类准确度曲线如图 6-8 所示。可见,编码器型 Transformer 可以胜任视频分类任务。

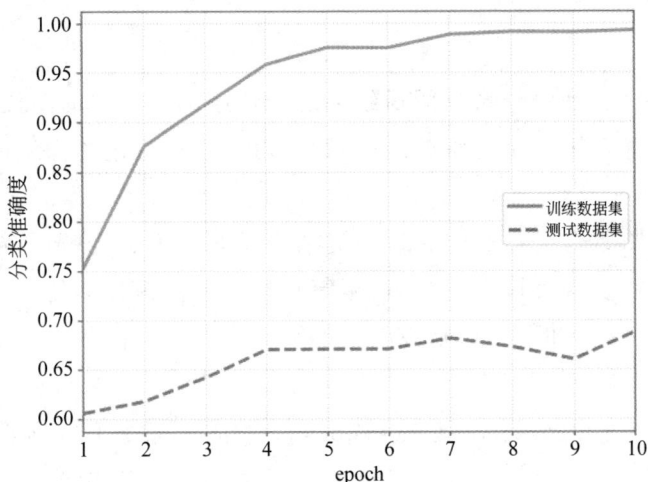

图 6-8   实验 6-4 中的分类准确度曲线

6.4   视频预测

视频预测是为给定视频(视频帧序列)生成后续视频帧的任务。视频预测是序列预测任务,可使用解码器型 Transformer 完成该任务。

【实验 6-5】   使用解码器型 Transformer 完成 Moving MNIST 数据集上的视频预测任务。

> Moving MNIST 数据集中有 10 000 段灰度(而非彩色)视频,每段视频中都有两个随机选取的数字(每个数字的取值范围都是 $\{0,1,2,\cdots,9\}$)在随机移动。每段视频包含 20 个视频帧,每个视频帧的高度和宽度都是 64 像素。
>
> 扫描二维码下载用来读取并处理该数据集的 Jupyter Notebook 参考程序。该参考程序读取这些视频并将视频保存为长度为 20 的向量序列(序列中向量的维数为 $64 \times 64 = 4096$)。将每个向量序列作为一个样本,得到本实验中使用的训练数据集和测试数据集。其中,训练数据集被保存在 mm_trainset.pt 文件中,包含 8960 段视频;测试数据集被保存在 mm_testset.pt 文件中,包含 1024 段视频。

Moving
MNIST
数据集

提示:

(1) 训练过程中可将样本中长度为 20 的向量序列的前 19 项作为解码器型 Transformer 的输入序列,将向量序列的后 19 项作为解码器型 Transformer 的标注序列。

(2) 可将输入序列中的 4096 维向量仿射映射为 d_{main} 维向量。

（3）本实验中标注序列为向量序列（而非整数序列），向量中每个元素的取值范围都是$[0,1]$，可将元素值看作连续值，而预测连续值是回归任务，故在训练过程中可使用均方误差等代价函数。

（4）由于标注序列中每个元素的取值范围是$[0,1]$，而 sigmoid 函数输出值的范围是$(0,1)$，故可使用 sigmoid 函数将 Transformer 模型输出向量中各个元素的值限制在$(0,1)$区间。sigmoid 函数可使用 torch.nn.functional.sigmoid() 函数实现。

（5）可使用 Matplotlib 库中的 pyplot.imshow() 函数显示图像（或视频帧）。可使用 torch.permute() 函数调换数组各维的顺序。

如果独立编写实验程序仍有困难，可参考附录 A 中经过注释的实验程序。

当本实验中 Transformer 输入序列的最大长度 l 为 19，epoch 的数量为 100，其余设置与实验 6-4 相同时，该模型在训练数据集和测试数据集上的均方根误差（Root Mean Square Error，RMSE）曲线如图 6-9 所示。本实验中，并未使用卷积神经网络或卷积层将每个视频帧都对应为向量后再输入 Transformer，而是直接使用仿射映射（线性回归）将每个视频帧对应为 d_{main} 维向量。可见，对于分辨率比较小的图像或视频帧，可以不使用卷积神经网络或卷积层，直接使用线性回归、神经网络、深度神经网络等方法将图像或视频帧对应为 d_{main} 维向量。

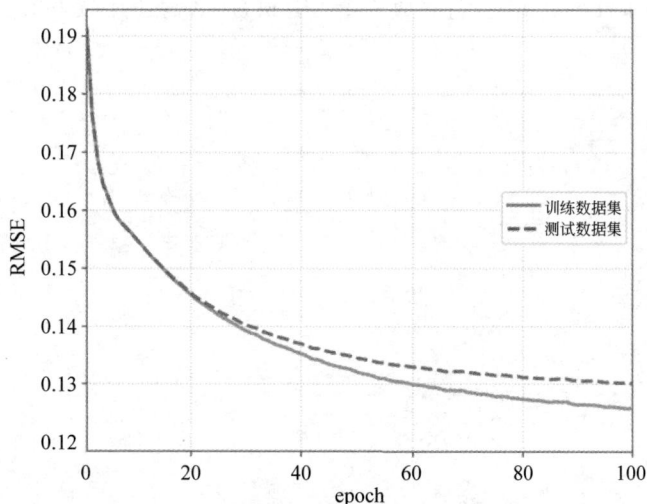

图 6-9　实验 6-5 中的均方根误差曲线

6.5　本章小结

计算机视觉也是 Transformer 架构的一个重要应用领域。本章以图像分类、图像说明、视频分类、视频预测等计算机视觉领域中的任务为例，演示如何在计算机视觉领域应用 Transformer 架构。

　　对于尺寸比较大的图像或视频帧，可以先使用卷积层、卷积神经网络等方法从图像或视频帧中提取特征，再将提取出的特征组成向量序列（或整数序列）输入 Transformer。

　　从本质上看，卷积神经网络先使用卷积层和聚合层从图像或视频帧中提取并聚合特征，再使用逻辑回归、神经网络、深度神经网络等方法将得到的维数固定的特征向量对应为卷积神经网络的输出。

　　可使用编码器型 Transformer 完成图像分类任务和视频分类任务，使用解码器型 Transformer 完成视频预测任务，使用编解码器型 Transformer 完成图像说明任务。

6.6　思考与练习

　　1. 如何用多维数组表示二维光栅数字图像？

　　2. 如何理解卷积神经网络？举例说明可用于多分类任务的卷积神经网络。

　　3. 除了卷积神经网络，还有哪些可用来从图像或视频帧中提取特征的方法？可在查找资料后作答。

　　4. 使用 Transformer 架构自行完成一个计算机视觉领域的任务（可自行查找数据集）。

第 7 章

Transformer 架构在其他领域的应用

经过前面 6 章的学习,读者已经知道 Transformer 架构更适用于系统的输入为序列、输出为序列或者输入输出都为序列的应用场景,可用来完成序列分类、序列预测、序列生成、序列转换等多种类型的任务。其中,输入和输出中的各个序列的长度既可以相等,也可以不相等;序列中的各项既可以为整数或实数,也可以为向量。可见,能够使用 Transformer 架构的领域并不局限于自然语言处理和计算机视觉。

作为示例,本章将探索在数字信号处理、推荐系统、深度强化学习等领域如何使用 Transformer 架构。

7.1 Transformer 架构在数字信号处理中的应用

数字信号处理是分析和处理数字信号的领域。数字信号是由一系列离散值组成的序列。因此,可以使用 Transformer 架构完成数字信号上的分类、回归等任务。

身体活动识别(Human Activity Recognition,HAR)是根据传感器数据识别人的身体处于哪种活动(例如跑、走、跳等活动)中,是一个分类任务。

RealWorld 数据集中包含 15 名受试者在处于走、跑、坐、站、躺、跳、上楼梯、下楼梯 8 种身体活动时通过加速度计、陀螺仪等 6 种传感器采集的数据。这些传感器固定在受试者的头、臂、腰、腿等多处身体部位上。

扫描二维码分别下载该数据集文件以及用来读取并处理该数据集的 Jupyter Notebook 参考程序。本实验中仅使用该数据集中加速度计和陀螺仪两种传感器采集的受试者处于走、跑、站、躺 4 种活动中的数据。其中,加速度计分布在受试者身体的 6 个部位上,陀螺仪分布在受试者身体的 5 个部位上。每种传感器输出的都是同时在 x、y、z 3 个轴上采集的数据,采样率约为 50Hz。

上述参考程序将这些数据保存为 3000 个长度为 320 的 33 维向量序列,每个向量序列对应一种身体活动。向量序列中两个相邻向量之间的采样间隔约为 1s。将向量序列作为样本的输入序列,将向量序列对应的身体活动类别作为样本的标注

RealWorld 数据集

RealWorld 参考程序

（标注的取值范围为 $\{0,1,2,3\}$）。由此得到本实验中使用的 3000 个样本，保存在 sensor_data.pt 文件中。

【实验 7-1】 使用编码器型 Transformer 完成 RealWorld 数据集上的身体活动识别任务。

提示：

（1）用 torch.load()函数读取 sensor_data.pt 文件时返回的第一个数组为样本的向量序列，第二个数组为样本的标注。

（2）可将前 2560 个样本作为训练样本、其余样本作为测试样本。

如果独立编写实验程序仍有困难，可参考附录 A 中经过注释的实验程序。

当本实验中 Transformer 编码器输入序列的最大长度 l 为 320，d_{main} 为 16，训练样本的数量为 2560，测试样本的数量为 384，epoch 的数量为 5，其余设置与实验 6-5 相同时，该模型在训练数据集和测试数据集上的分类准确度曲线如图 7-1 所示。可见，就本实验中的设置和使用的数据集而言，使用 Transformer 可获得比较高的分类准确度。

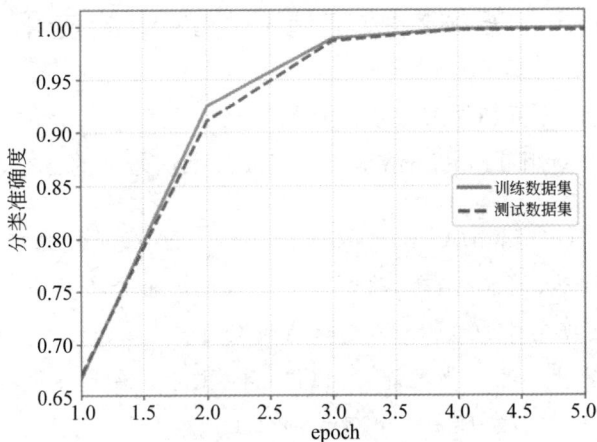

图 7-1　实验 7-1 中的分类准确度曲线

7.2　Transformer 架构在推荐系统中的应用

推荐系统（recommendation system）是一种信息过滤系统，其使用机器学习等方法向用户推荐产品、服务或内容。例如，推荐系统可以根据用户听过的歌曲向用户推荐歌曲。

若将按照时间顺序排列的用户过去的行为（包括搜索、浏览、购买、评分等）看作序列,就可以使用 Transformer 架构预测用户未来的行为(例如购买某种商品、浏览某条新闻),从而据此将商品、服务或内容推荐给用户。

【实验 7-2】　使用解码器型 Transformer 完成旅行数据集上的序列预测任务(预测用户前往的下一个城市)。

> 旅行数据集中包含 41 408 个长度为 2~17 的整数序列,序列中各项的取值范围为 $\{0,1,2,\cdots,499\}$。这 500 个整数分别对应 500 个城市。每个序列对应一个用户在一次旅行中依次游览过的城市。如果能够根据用户游览过的城市预测用户可能前往的下一个城市,就可以据此向用户推荐预订酒店、机票等服务。
>
> 扫描二维码下载保存这些序列的文件。其中,trips_trainset.pt 文件包含 38 400 个序列,可用于训练模型;trips_testset.pt 文件包含 3008 个序列,可用于测试模型。

旅行数据集

提示:

用 torch.load()函数读取 trips_trainset.pt 文件和 trips_testset.pt 文件时返回的第一个数组为序列,第二个数组为序列的长度。

如果独立编写实验程序仍有困难,可参考附录 A 中经过注释的实验程序。

当本实验中 Transformer 解码器输入序列的最大长度 l 为 16,d_{main} 为 128,词汇表的大小为 500,epoch 的数量为 10,其余设置与实验 7-1 相同时,该模型在训练数据集和测试数据集上的分类准确度曲线(若将 Transformer 解码器的输入序列看作样本组的输入序列,将预测序列的下一项看作分类任务)如图 7-2 所示。可见,就本实验中的设置和使用的数据集而言,使用 Transformer 预测用户旅行的下一个城市准确度比较高。可以根据预测结果进一步向用户推荐预订下一个城市的酒店以及预订当前城市到下一个城市的机票等服务。

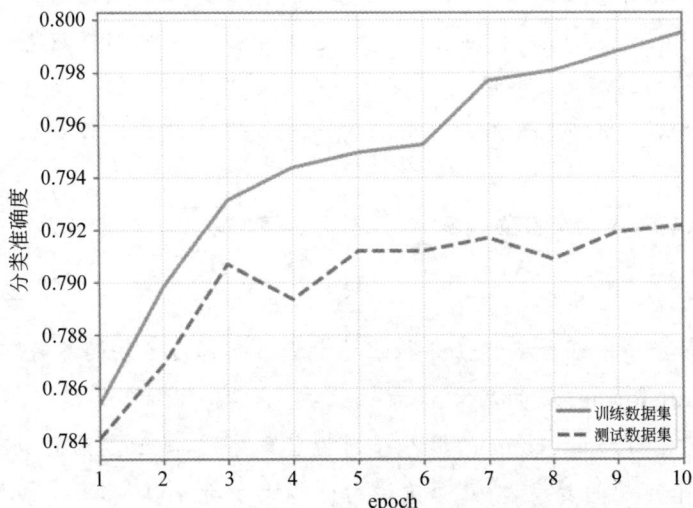

图 7-2　实验 7-2 中的分类准确度曲线

7.3　Transformer 架构在深度强化学习中的应用

深度强化学习(Deep Reinforcement Learning,DRL)是结合深度学习方法完成强化学习任务的领域。为了简化建模与计算,强化学习中常使用马尔可夫决策过程(Markov Decision Process,MDP)对与智能体交互的环境建模。马尔可夫决策过程的局限之一是:其假设环境在下一时刻处于各个状态的概率仅取决于环境在当前时刻的状态以及智能体在当前时刻的行动,并且智能体在当前时刻选择各个行动的概率仅取决于环境在当前时刻的状态。

相比之下,很多时候智能体在当前时刻选择各个行动的概率不仅取决于环境在当前时刻的状态,还取决于环境在以前多个时刻的状态以及智能体在以前多个时刻的行动。此外,在一些强化学习任务中,智能体也无法完全观测到环境的状态。

在这两种情况下,可以使用解码器型 Transformer,根据当前时刻和以前多个时刻的环境状态(或智能体对环境的不完全观测)以及智能体在以前多个时刻的行动,给出智能体在当前时刻选择各个行动的概率。

【实验 7-3】　使用解码器型 Transformer 及蒙特卡洛策略梯度方法完成深度强化学习中的迷宫任务。

本实验中的迷宫任务为"深度强化学习书"实验 5-10 中给出的迷宫任务。该强化学习任务旨在寻找给定迷宫内指定入口和指定出口之间的最短可达路径,故可将该任务中的智能体看作移动机器人。在该强化学习任务中,智能体仅根据对其当前位置的上、下、左、右侧的观测结果(不完全观测)做出行动选择。可选行动有 4 个,分别是向上、下、左、右侧移动一步。智能体每移动一步都将获得一个大小为 0 的奖赏,如果移动到指定出口处则将获得一个大小为 1 的奖赏并结束本次运行。如果智能体在移动一定步数(例如 100 步)后仍未到达指定出口处,也将结束本次运行。

扫描二维码下载迷宫任务及蒙特卡洛策略梯度方法的参考程序。

迷宫任务及
参考程序

提示:

(1)该参考程序中包含迷宫任务和蒙特卡洛策略梯度方法的参考实现代码,只需在其中添加 Transformer 类的定义。

(2)解码器型 Transformer 的输入序列为整数序列,其长度为奇数且其最大长度为 199(共 100 个可能的长度,对应每次运行的最大步数 100 步,每一步即一个时刻),

序列中的奇数项为智能体在以前时刻或当前时刻对环境的观测结果(取值范围为{0,1,…,15},分别对应 2^4 个可能的观测结果),偶数项为智能体在以前时刻选择的行动(取值范围为{0,1,2,3},分别对应向上、下、左、右侧移动一步)。

(3) 由于输入序列中奇数项和偶数项对应不同的含义,故应分别嵌入。

(4) 在解码器型 Transformer 输出的向量序列中,每个向量对应智能体在每个时刻选择各个行动的概率,故每个向量的维数为 4(对应 4 个可选行动),序列的最大长度为 100(对应每次运行的最大步数 100 步),可通过 softmax 激活函数给出该向量。

如果独立编写实验程序仍有困难,可参考附录 A 中经过注释的实验程序。

当本实验中 Transformer 解码器输入序列的最大长度 l 为 199,d_{main} 为 32,强化学习中的折扣率 γ 为 0.95,运行次数为 4000 次,其余设置与实验 7-2 相同时,智能体在每次运行中的移动步数如图 7-3 所示。从图 7-3 中可以看出,随着运行次数的增加,智能体的移动步数总体上越来越少,说明智能体已找到迷宫入口和出口之间的最短可达路径。因此,就迷宫任务以及上述设置而言,在不完全观测情况下,使用 Transformer 架构可有效完成强化学习任务。

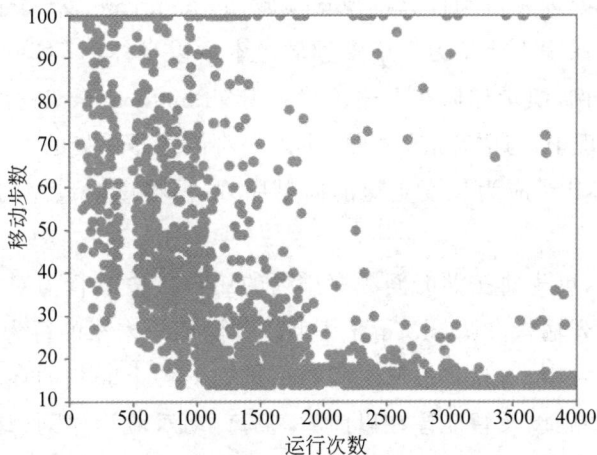

图 7-3　实验 7-3 的运行次数与移动步数

值得说明的是,本实验中的智能体并未使用其在当前时刻对环境的观测结果筛选当前时刻的可选行动,也就是说并没有看到周围哪个方向有墙就不朝哪个方向走,故有可能会撞墙(撞墙的后果是停留在原地,浪费一步)。如果智能体根据观测结果筛选当前时刻的可选行动,则使用本实验中的方法与设置,可以更快(经过更少的运行次数)地找到迷宫入口和出口之间的最短可达路径,如图 7-4 所示。

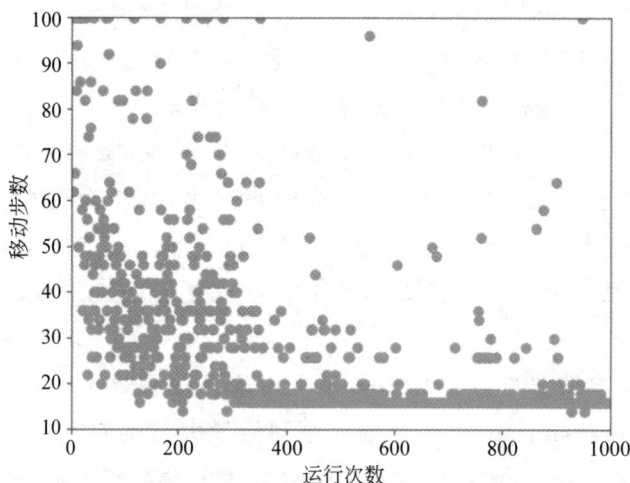

图 7-4　当智能体筛选可选行动时的运行次数和移动步数

7.4　本章小结

除了自然语言处理领域和计算机视觉领域，Transformer 架构还可应用于数字信号处理、推荐系统、深度强化学习等诸多领域。本章以身体活动识别、旅行延长推荐、走迷宫 3 个任务为例，演示如何在上述领域应用 Transformer 架构。

在数字信号处理中，与语音信号一样，可以先对传感器采集的数字信号做一系列处理（例如下采样），将其对应为长度更短的向量序列，再将该向量序列输入 Transformer 模型。

在推荐系统中，可先将按照时间顺序排列的用户过去的行为对应为序列（例如整数序列），再将该序列输入 Transformer 模型以预测用户未来的行为。

在深度强化学习中，可先将按照时间顺序排列的各个时刻的环境状态（或智能体对环境的不完全观测）以及智能体在以前时刻的行动对应为序列（整数序列或向量序列），再将该序列输入 Transformer 模型。

可使用编码器型 Transformer 完成身体活动识别任务，使用解码器型 Transformer 完成旅行延长推荐任务和走迷宫任务。

当然，Transformer 架构的应用并不局限于本书列举的这些领域。更多的应用领域等待着你去探索、发现、尝试、验证和开拓。

7.5　思考与练习

　　1. 自行构建并训练一个可用来完成本章中身体活动识别任务的深度神经网络模型,比较其与实验 7-1 中模型的参数数量及分类准确度。

　　2. 尝试使用 Transformer 架构自行完成一个推荐系统领域的任务(可自行查找数据集)。

　　3. 除了实验 7-3 中的蒙特卡洛策略梯度方法,还可以将 Transformer 架构用于实现哪些深度强化学习方法? 尝试使用 Transformer 架构实现这些深度强化学习方法。

　　4. 除了循环神经网络和本书中讲述的序列聚合方法,是否还有其他能够将长度不固定的向量序列对应为长度固定的向量序列或者维数固定的向量的方法? 尝试构建深度神经网络模型验证该想法。

附录 A

实验参考程序及注释

A.1　第 1 章实验

【实验 1-1】　使用 PyTorch 标准化轮椅数据集中样本的输入向量，并将该数据集中的样本随机划分至训练数据集和测试数据集。

【实验 1-1 参考程序】

```
import pandas                                      #导入 Pandas
import torch                                       #导入 Torch
#读取数据集文件
df = pandas.read_csv('wheelchair_dataset.csv')
#用 tensor 数组保存样本的输入向量和标注
x_data = torch.tensor(df.values[:, :-1], dtype=torch.float)
  #将 4 维输入向量(表格前 4 列)中元素的数据类型转换为浮点型
y_data = torch.tensor(df.values[:, -1], dtype=torch.long) - 1
  #将标注(表格第 5 列)的数据类型转换为长整型,并将其取值范围从{1,2,3,4}转换至{0,1,2,3}
num_examples = df.values.shape[0]                  #数据集中样本的数量
d_input = df.values.shape[1] - 1                   #样本输入向量的维数
#用来训练、评估神经网络模型的设备
device = 'cuda' if torch.cuda.is_available() else 'cpu'
  #如果 GPU 可用则使用 GPU,否则使用 CPU
#随机排列数据集中的样本
torch.manual_seed(0)                               #设置 PyTorch 的随机种子
index_example = torch.randperm(num_examples)       #随机排列样本的索引
#划分数据集
num_train_examples = 200                           #训练样本的数量
x_train = x_data[index_example[:num_train_examples], :].to(device=device)
  #训练样本的输入向量,迁移至指定设备,x_train 的形状为(样本数量,向量维数)
y_train = y_data[index_example[:num_train_examples]].to(device=device)
  #训练样本的标注,迁移至指定设备,y_train 的形状为(样本数量)
x_test = x_data[index_example[num_train_examples:], :].to(device=device)
  #测试样本的输入向量,迁移至指定设备,x_test 的形状为(样本数量,向量维数)
```

```
y_test = y_data[index_example[num_train_examples:]].to(device=device)
    #测试样本的标注,迁移至指定设备,y_test 的形状为(样本数量)
#特征缩放(标准化)
mean_x = torch.mean(x_train, dim=0)          #计算训练样本输入向量各维的均值
std_x = torch.std(x_train, dim=0)            #计算训练样本输入向量各维的标准差
x_train = (x_train - mean_x) / std_x         #对训练样本输入向量各维做标准化
x_test = (x_test - mean_x) / std_x           #对测试样本输入向量各维做标准化
```

完整的实验参考程序可扫描二维码下载。

【实验 1-2】 使用 PyTorch 实现单隐含层多分类神经网络。

【实验 1-2 参考程序】

实验 1-2
的程序

```
...
#实验中的设置
n_ann = 8                                    #神经网络隐含层节点的数量
num_classes = 4                              #数据集中类别的数量
#定义神经网络
class ann(torch.nn.Module):
    def __init__(self):
        super(ann, self).__init__()
        self.linear_layer1 = torch.nn.Linear(in_features=d_input, out_features
=n_ann)                                      #隐含层的仿射映射
        self.linear_layer2 = torch.nn.Linear(in_features=n_ann, out_features=
num_classes)                                 #输出层的仿射映射
    def forward(self, x):
        a_1 = torch.nn.functional.relu(self.linear_layer1(x))  #隐含层
        z_2 = self.linear_layer2(a_1)                #输出层仿射映射
        return z_2
#创建神经网络模型,迁移至指定设备
model = ann().to(device=device)
```

完整的实验参考程序可扫描二维码下载。

【实验 1-3】 使用轮椅数据集和 PyTorch 训练上述单隐含层多分类神经网络。

【实验 1-3 参考程序】

实验 1-3
的程序

```
...
import matplotlib.pyplot as plt                #导入 matplotlib.pyplot
#实验中的设置
num_epochs = 60                                #epoch 的数量
learning_rate = 0.1                            #学习率
#创建 AdamW 优化器对象
```

```
optimizer = torch.optim.AdamW(model.parameters(), lr=learning_rate)
#创建用来计算多分类任务中交叉熵代价的对象
loss_function = torch.nn.CrossEntropyLoss()
#初始化
cost_saved = []                              #用来保存代价的列表
#训练过程中每个 epoch 的循环
for epoch in range(num_epochs):
    #正向传播
    z = model(x_train)                       #进行正向传播
    cost = loss_function(z, y_train)         #计算代价
    cost_saved.append(cost.item())           #保存代价
    #反向传播
    optimizer.zero_grad()                    #偏导数清零
    cost.backward()                          #进行反向传播
    optimizer.step()                         #更新模型参数
    #打印训练进展
    if (epoch + 1) % 10 == 0:
        print(f'Training [{epoch+1}/{num_epochs}]: cost = {cost.item():.5f}')
#画代价曲线
plt.figure(dpi=150)                          #新建一个图形(150dpi)
plt.plot(range(1, len(cost_saved) + 1), cost_saved, 'r-o', linewidth = 2,
markersize=3)                                #画曲线
plt.xlabel('Epoch')                          #设置横轴标签
plt.ylabel('Cost')                           #设置纵轴标签
plt.xlim(1, len(cost_saved))                 #设置横轴范围
plt.grid(axis='both', ls=':')                #显示网格线
plt.show()                                   #显示图形
```

完整的实验参考程序可扫描二维码下载。

【实验 1-4】 使用轮椅数据集和 PyTorch 评估上述单隐含层多分类神经网络模型，分别给出该模型在训练数据集和测试数据集上的分类准确度。

【实验 1-4 参考程序】

实验 1-4
的程序

```
...
import torcheval.metrics                     #导入 torcheval.metrics
...
accuracy_train_saved = []                    #用来保存训练数据集上分类准确度的列表
accuracy_test_saved = []                     #用来保存测试数据集上分类准确度的列表
...
#在训练数据集和测试数据集上评估模型
with torch.inference_mode():                 #仅预测模式
```

```
        model.eval()                          #将模型置于评估模式
        z = model(x_train)                    #训练数据集上的正向传播
        accuracy_train = torcheval.metrics.functional.multiclass_accuracy(z, y_
    train, num_classes=num_classes)           #计算训练数据集上的分类准确度
        accuracy_train_saved.append(accuracy_train.item())
                                              #保存训练数据集上的分类准确度
        z = model(x_test)                     #测试数据集上的正向传播
        accuracy_test = torcheval.metrics.functional.multiclass_accuracy(z, y_
    test, num_classes=num_classes)            #计算测试数据集上的分类准确度
        accuracy_test_saved.append(accuracy_test.item())
                                              #保存测试数据集上的分类准确度
        model.train()                         #将模型置于训练模式
...
#画分类准确度曲线
plt.figure(dpi=150)                           #新建一个图形(150dpi)
plt.plot(range(1, len(accuracy_train_saved)+1), accuracy_train_saved, 'r',
linewidth=2, label='Trainset')               #画训练数据集上的分类准确度曲线
plt.plot(range(1, len(accuracy_test_saved)+1), accuracy_test_saved, 'b--',
linewidth=2, label='Testset')                #画测试数据集上的分类准确度曲线
plt.xlabel('Epoch')                           #设置横轴标签
plt.ylabel('Accuracy')                        #设置纵轴标签
plt.legend(loc='right')                       #显示图例
plt.xlim(1, len(accuracy_train_saved))        #设置横轴范围
plt.grid(axis='both', ls=':')                 #显示网格线
plt.show()                                    #显示图形
#打印最新的分类准确度
print(f'Accuracy on trainset: {accuracy_train_saved[-1]:.5f}')
                                              #打印最新的训练数据集上的分类准确度
print(f'Accuracy on testset: {accuracy_test_saved[-1]:.5f}')
                                              #打印最新的测试数据集上的分类准确度
```

完整的实验参考程序可扫描二维码下载。

【实验 1-5】　使用 PyTorch 框架提供的方法和函数,计算上述单隐含层多分类神经网络模型的参数数量。

【实验 1-5 参考程序】

```
...
#函数:计算模型参数数量
#输入:模型
#返回值:模型参数数量
def count_model_parameters(model):
```

实验 1-5
的程序

```
    total = 0                              #模型参数数量初始值为 0
    for param in model.parameters(): #模型中各个参数数组的循环
        if param.requires_grad:        #检查该组参数是否为模型训练过程中被更新的模型参数
            total += torch.numel(param)
                                           #将该参数数组中元素的数量累加至模型参数数量上
    return total
...
print('Number of trainable model parameters:', count_model_parameters(model))
                                           #打印模型参数数量
...
```

完整的实验参考程序可扫描二维码下载。

【实验 1-6】 使用轮椅数据集和 PyTorch 训练并评估双隐含层多分类神经网络模型（深度神经网络模型），分别给出该模型在训练数据集和测试数据集的分类准确度。

【实验 1-6 参考程序】

实验 1-6
的程序

```
...
n1_dnn = 4                             #深度神经网络第一个隐含层中节点的数量
n2_dnn = 4                             #深度神经网络第二个隐含层中节点的数量
...
#定义深度神经网络
class dnn(torch.nn.Module):
    def __init__(self):
        super(dnn, self).__init__()
        self.linear_layer1 = torch.nn.Linear(in_features=d_input, out_features
=n1_dnn)
                                           #第一个隐含层的仿射映射
        self.linear_layer2 = torch.nn.Linear(in_features=n1_dnn, out_features=
n2_dnn)
                                           #第二个隐含层的仿射映射
        self.linear_layer3 = torch.nn.Linear(in_features=n2_dnn, out_features=
num_classes)
                                           #输出层的仿射映射
    def forward(self, x):
        a_1 = torch.nn.functional.relu(self.linear_layer1(x))        #第一个隐含层
        a_2 = torch.nn.functional.relu(self.linear_layer2(a_1))        #第二个隐含层
        z_3 = self.linear_layer3(a_2)                #输出层
        return z_3
...
```

完整的实验参考程序可扫描二维码下载。

A.2　第 2 章实验

【实验 2-1】　使用深度神经网络和股票指数数据集,预测股票指数的涨跌。

【实验 2-1 参考程序】

实验 2-1
的程序

```
...
#实验中的设置
n1_dnn = 16                            #深度神经网络第一个隐含层中节点的数量
n2_dnn = 16                            #深度神经网络第二个隐含层中节点的数量
num_epochs = 300                       #epoch 的数量
learning_rate = 0.01                   #学习率
...
#读取数据集
x_train, y_train = torch.load('stock_trainset.pt')          #读取训练数据集
x_test, y_test = torch.load('stock_testset.pt')             #读取测试数据集
x_len = x_train.shape[1]               #输入序列的长度
x_train = x_train.to(device=device)
  #训练样本的输入序列,迁移至指定设备,x_train 的形状为(样本数量,序列最大长度)
y_train = y_train.to(device=device)
  #训练样本的标注,迁移至指定设备,y_train 的形状为(样本数量)
x_test = x_test.to(device=device)
  #测试样本的输入序列,迁移至指定设备,x_test 的形状为(样本数量,序列最大长度)
y_test = y_test.to(device=device)
  #测试样本的标注,迁移至指定设备,y_test 的形状为(样本数量)
...
#创建用来计算二分类任务中交叉熵代价的对象
loss_function = torch.nn.BCEWithLogitsLoss()
  ...
  cost = loss_function(z.squeeze(), y_train)    #计算代价
  ...
  accuracy_train = torcheval.metrics.functional.binary_accuracy(z.squeeze(),
y_train)                                #计算训练数据集上的分类准确度
  ...
  accuracy_test = torcheval.metrics.functional.binary_accuracy(z.squeeze(),
y_test)                                 #计算测试数据集上的分类准确度
...
```

完整的实验参考程序可扫描二维码下载。

【实验 2-2】　使用循环神经网络和股票指数数据集,预测股票指数的涨跌。

【实验 2-2 参考程序】

```
...
n_rnn = 24                                      #循环神经网络隐含层中节点的数量
num_epochs = 600                                #epoch 的数量
...
x_train, y_train = torch.load('stock_trainset_packed.pt')     #读取训练数据集
x_test, y_test = torch.load('stock_testset_packed.pt')        #读取测试数据集
...
#定义循环神经网络
class rnn(torch.nn.Module):
  def __init__(self):
    super(rnn, self).__init__()
    self.rnn = torch.nn.RNN(input_size=1, hidden_size=n_rnn, nonlinearity='
relu', batch_first=True)                #隐含层
    self.linear_output = torch.nn.Linear(in_features=n_rnn, out_features=1)
                                        #输出层的仿射映射

  def forward(self, x):
    out_rnn, h_rnn = self.rnn(x)    #隐含层,h_rnn 的形状为(1,样本数量,节点数量)
    z = self.linear_output(h_rnn[0, :, :])
    #输出层的仿射映射,仅需使用序列最后一项对应的隐含层输出(由 h_rnn 给出)作为
    #输出层的输入
    return z
...
```

完整的实验参考程序可扫描二维码下载。

【实验 2-3】 使用循环神经网络和莫尔斯码数据集 I,预测输入序列的下一项。

【实验 2-3 参考程序】

```
...
n_rnn = 32                                      #循环神经网络隐含层中节点的数量
num_epochs = 1000                               #epoch 的数量
num_classes = 4                                 #数据集中类别的数量
...
x_train, y_train = torch.load('morsecode_trainset_packed.pt')     #读取训练数据集
x_test, y_test = torch.load('morsecode_testset_packed.pt')        #读取测试数据集
...
  self.rnn = torch.nn.RNN (input_size = num_classes, hidden_size = n_rnn,
nonlinearity='relu', batch_first=True)          #隐含层
  self.linear_output = torch.nn.Linear(in_features=n_rnn, out_features=num_
classes)                                        #输出层的仿射映射
...
```

```
#创建用来计算多分类任务中交叉熵代价的对象
loss_function = torch.nn.CrossEntropyLoss()
   ...
   cost = loss_function(z, y_train)            #计算代价
   ...
   accuracy_train = torcheval.metrics.functional.multiclass_accuracy(z, y_
train, num_classes=num_classes)              #计算训练数据集上的分类准确度
...
   accuracy_test = torcheval.metrics.functional.multiclass_accuracy(z, y_
test, num_classes=num_classes)               #计算测试数据集上的分类准确度
...
```

完整的实验参考程序可扫描二维码下载。

【实验 2-4】　在实验 2-3 的基础上，使用贪婪方法生成序列。

【实验 2-4 参考程序】

实验 2-4
的程序

```
...
#实验中的设置
l = 16                                      #序列的最大长度
#初始化
sequence = torch.zeros((1, 1), dtype=torch.long, device=device)
                                            #序列中仅有一项，该项的值为 0(代表字符间隔)
#将模型置于评估模式
model.eval()
#生成序列
while sequence.shape[1] <= l:               #当序列长度不超过最大长度时
    #将序列中的各项转换为 one-hot 向量
    sequence_onehot = torch.nn.functional.one_hot(sequence, num_classes=num_
classes).to(dtype=torch.float)
    #正向传播
    with torch.inference_mode():            #仅预测模式
        z = model(sequence_onehot)          #进行正向传播
    #用贪婪方法得到序列下一项的值
    next_item = torch.argmax(z, dim=-1)[0]  #取概率最大的值
    #将得到的序列下一项加入序列
    sequence = torch.cat((sequence, next_item.reshape((1, -1))), dim=-1)
#打印生成的序列
print('Generated sequence:', sequence.tolist())
```

完整的实验参考程序可扫描二维码下载。

【实验 2-5】　在实验 2-3 的基础上，使用 top-k 方法生成序列。

【实验 2-5 参考程序】

```
...
top_k = 2                                          #top-k中的 k
#设置 PyTorch 的随机种子
torch.manual_seed(0)
...
    #用 top-k 方法得到序列下一项的值
    probabilities = torch.nn.functional.softmax(z[0, :], dim=-1)
                                        #计算序列下一项取各个值的概率
    sorted_prob, sorted_index = torch.sort(probabilities, descending=False)
                                        #升序排列上述概率
    probabilities[sorted_index[:num_classes-top_k]] = 0
                                        #将排在前面的 c-k 个较小的概率清零
    next_item = torch.multinomial(probabilities, num_samples=1)
    #归一化余下的 k 个较大的概率(让这 k 个较大的概率之和为 1)
    #并依照归一化后的概率随机抽取序列下一项的值
...
```

完整的实验参考程序可扫描二维码下载。

【实验 2-6】　在实验 2-3 的基础上，使用 top-p 方法生成序列。

【实验 2-6 参考程序】

```
...
top_p = 0.6                                        #top-p中的 p
...
    #用 top-p 方法得到序列下一项的值
    probabilities = torch.nn.functional.softmax(z[0, :], dim=-1)
                                        #计算序列下一项取各个值的概率
    sorted_prob, sorted_index = torch.sort(probabilities, descending=False)
                                        #升序排列上述概率
    cum_prob = torch.cumsum(sorted_prob, dim=-1)   #计算概率的累计和
    zeroed_sorted_prob = sorted_prob * (cum_prob >= (1 - top_p))
    #保留累计和不小于 1-p 的概率,将余下较小的概率清零
    next_item = sorted_index[torch.multinomial(zeroed_sorted_prob, num_
samples=1)]
    #归一化保留的若干较大的概率(让这些较大的概率之和为 1)
    #并依照归一化后的概率随机抽取序列下一项的值
...
```

完整的实验参考程序可扫描二维码下载。

A.3 第 3 章实验

【实验 3-1】 使用加权聚合及多分类逻辑回归,预测莫尔斯码数据集 Ⅱ 中输入序列的下一项。

【实验 3-1 参考程序】

实验 3-1
的程序

```
...
d_main = 4                                      #嵌入向量的维数
...
#读取数据集
x_train, y_train, mask_train, position_train = torch.load('morsecode_
trainset_padded.pt')                           #读取训练数据集
x_test, y_test, mask_test, position_test = torch.load('morsecode_testset_
padded.pt')                                     #读取测试数据集
x_train = x_train.to(device=device)
  #训练样本的输入序列,迁移至指定设备,x_train 的形状为 (样本数量,序列最大长度)
y_train = y_train.to(device=device)
  #训练样本的标注,迁移至指定设备,y_train 的形状为 (样本数量)
mask_train = mask_train.to(device=device)
  #训练样本输入序列各项的掩码,迁移至指定设备
  #mask_train 的形状为 (样本数量,序列最大长度)
position_train = position_train.to(device=device)
  #训练样本输入序列各项的位置,迁移至指定设备
  #position_train 的形状为 (样本数量,序列最大长度)
x_test = x_test.to(device=device)
  #测试样本的输入序列,迁移至指定设备,x_test 的形状为 (样本数量,序列最大长度)
y_test = y_test.to(device=device)
  #测试样本的标注,迁移至指定设备,y_test 的形状为 (样本数量)
mask_test = mask_test.to(device=device)
  #测试样本输入序列各项的掩码,迁移至指定设备,mask_test 的形状为 (样本数量,序列最大长度)
position_test = position_test.to(device=device)
  #测试样本输入序列各项的位置,迁移至指定设备,position_test 的形状为 (样本数量,序
  #列最大长度)
...
#定义神经网络
class fnn(torch.nn.Module):
  def __init__(self):
    super(fnn, self).__init__()
    self.emb_input = torch.nn.Embedding(num_embeddings=num_classes,
embedding_dim=d_main)                           #输入序列项的嵌入
```

```
        self.linear_softmax = torch.nn.Linear(in_features=d_main, out_features
=num_classes)                              #输出层的仿射映射
    def forward(self, x, mask, position):
      x_emb = self.emb_input(x)
        #输入序列项的嵌入,x_emb 的形状为(样本数量,序列最大长度,向量维数)
      x_emb = x_emb * mask.unsqueeze(dim=-1)
        #将输入序列填充项对应的嵌入向量清零
      agg = torch.sum(x_emb, dim=1)
        #将嵌入向量序列中的各个向量加在一起,agg 的形状为(样本数量,向量维数)
      z = self.linear_softmax(agg) #输出层的仿射映射,z 的形状为(样本数量,类别数量)
      return z
...
    z = model(x_train, mask_train, position_train)    #进行正向传播
...
```

完整的实验参考程序可扫描二维码下载。

【实验 3-2】 使用加权聚合及多分类逻辑回归,预测莫尔斯码数据集Ⅱ中输入序
列的下一项。

【实验 3-2 参考程序】

实验 3-2
的程序

```
...
#定义神经网络
class fnn(torch.nn.Module):
    def __init__(self):
      super(fnn, self).__init__()
      self.emb_input = torch.nn.Embedding(num_embeddings=num_classes,
embedding_dim=d_main)                         #输入序列项的嵌入
      self.linear_softmax = torch.nn.Linear(in_features=d_main, out_features
=num_classes)                              #输出层的仿射映射
      self.weight = torch.nn.parameter.Parameter(torch.randn(1, 1, device=
device) * 0.01, requires_grad=True)
        #加权聚合中的权重向量,其形状为(序列最大长度,1)
    def forward(self, x, mask, position):
      x_emb = self.emb_input(x)
        #输入序列项的嵌入,x_emb 的形状为(样本数量,序列最大长度,向量维数)
      x_emb = x_emb * mask.unsqueeze(dim=-1)
        #将输入序列填充项对应的嵌入向量清零
      agg = x_emb.transpose(-1, -2) @ self.weight
        #计算向量序列中向量的加权和,agg 的形状为(样本数量,向量维数,1)
      z = self.linear_softmax(agg.squeeze(dim=-1))
        #输出层的仿射映射,z 的形状为(样本数量,类别数量)
```

```
        return z
    ...
```

完整的实验参考程序可扫描二维码下载。

【实验 3-3】 使用自适应加权聚合及多分类逻辑回归,预测莫尔斯码数据集Ⅱ中输入序列的下一项。

【实验 3-3 参考程序】

实验 3-3
的程序

```
    ...
    #定义神经网络
    class fnn(torch.nn.Module):
      def __init__(self):
        super(fnn, self).__init__()
        self.emb_input = torch.nn.Embedding(num_embeddings=num_classes,
    embedding_dim=d_main)                #输入序列项的嵌入
        self.linear_softmax = torch.nn.Linear(in_features=d_main, out_features
    =num_classes)                        #输出层的仿射映射
        self.linear_weight = torch.nn.Linear(in_features=d_main * l, out_
    features=l)                          #用来给出加权聚合中权重向量的仿射映射
      def forward(self, x, mask, position):
        x_emb = self.emb_input(x)
          #输入序列项的嵌入,x_emb 的形状为(样本数量,序列最大长度,向量维数)
        x_emb = x_emb * mask.unsqueeze(dim=-1)
          #将输入序列填充项对应的嵌入向量清零
        weight = self.linear_weight(x_emb.flatten(start_dim=1, end_dim=2))
          #计算自适应加权聚合中的权重向量,weight 的形状为(样本数量,序列最大长度)
        agg = weight.unsqueeze(dim=1) @ x_emb
          #计算向量序列中向量的加权和,agg 的形状为(样本数量,1,向量维数)
        z = self.linear_softmax(agg.squeeze(dim=1))
          #输出层的仿射映射,z 的形状为(样本数量,类别数量)
        return z
    ...
```

完整的实验参考程序可扫描二维码下载。

【实验 3-4】 使用选择性聚合及多分类逻辑回归,预测莫尔斯码数据集Ⅱ中输入序列的下一项。

【实验 3-4 参考程序】

实验 3-4
的程序

```
    ...
    #定义神经网络
    class fnn(torch.nn.Module):
      def __init__(self):
```

```
            super(fnn, self).__init__()
            self.emb_input = torch.nn.Embedding(num_embeddings=num_classes,
        embedding_dim=d_main)                          #输入序列项的嵌入
            self.linear_softmax = torch.nn.Linear(in_features=d_main, out_features
        =num_classes)                                  #输出层的仿射映射
            self.linear_weight = torch.nn.Linear(in_features=d_main, out_features=1)
                #用来将向量序列中的向量对应为实数的仿射映射
        def forward(self, x, mask, position):
            x_emb = self.emb_input(x)
                #输入序列项的嵌入,x_emb 的形状为(样本数量,序列最大长度,向量维数)
            x_emb = x_emb * mask.unsqueeze(dim=-1)
                #将输入序列填充项对应的嵌入向量清零
            z_weight = self.linear_weight(x_emb).squeeze(dim=-1)
                #将向量序列中的向量对应为实数,z_weight 的形状为(样本数量,序列最大长度)
            z_weight = z_weight.masked_fill(mask == 0, float('-inf'))
                #将 z_weight 数组中与输入序列填充项对应的元素置为负无穷
            weight = torch.nn.functional.softmax(z_weight, dim=-1)
                #计算选择性聚合中的权重向量,weight 的形状为(样本数量,序列最大长度)
            agg = weight.unsqueeze(dim=1) @ x_emb
                #计算向量序列中向量的加权和,agg 的形状为(样本数量,1,向量维数)
            z = self.linear_softmax(agg.squeeze(dim=1))
                    #输出层的仿射映射,z 的形状为(样本数量,类别数量)
        return z
...
```

完整的实验参考程序可扫描二维码下载。

【实验 3-5】 使用输入和向量序列的选择性聚合及多分类逻辑回归,预测莫尔斯码数据集Ⅱ中输入序列的下一项。

【实验 3-5 参考程序】

实验 3-5
的程序

```
...
#定义神经网络
class fnn(torch.nn.Module):
    def __init__(self):
        super(fnn, self).__init__()
        self.emb_input = torch.nn.Embedding(num_embeddings=num_classes,
    embedding_dim=d_main)                          #输入序列项的嵌入
        self.emb_position = torch.nn.Embedding(num_embeddings=1, embedding_dim
    =d_main)                                       #位置的嵌入
        self.linear_softmax = torch.nn.Linear(in_features=d_main, out_features
    =num_classes)                                  #输出层的仿射映射
```

```
    self.linear_weight = torch.nn.Linear(in_features=d_main, out_features=1)
        #用来将和向量序列中的向量对应为实数的仿射映射
  def forward(self, x, mask, position):
    x_emb = self.emb_input(x)
        #输入序列项的嵌入,x_emb 的形状为(样本数量,序列最大长度,向量维数)
    pos_emb = self.emb_position(position)
        #位置的嵌入,pos_emb 的形状为(样本数量,序列最大长度,向量维数)
    x_pos_emb = (x_emb + pos_emb) * mask.unsqueeze(dim=-1)
        #将输入序列填充项对应的和向量清零
    z_weight = self.linear_weight(x_pos_emb).squeeze(dim=-1)
        #将和向量序列中的向量对应为实数,z_weight 的形状为(样本数量,序列最大长度)
    z_weight = z_weight.masked_fill(mask == 0, float('-inf'))
        #将 z_weight 数组中与输入序列填充项对应的元素置为负无穷大
    weight = torch.nn.functional.softmax(z_weight, dim=-1)
        #计算选择性聚合中的权重向量,weight 的形状为(样本数量,序列最大长度)
    agg = weight.unsqueeze(dim=1) @ x_emb
        #计算和向量序列中向量的加权和,agg 的形状为(样本数量,1,向量维数)
    z = self.linear_softmax(agg.squeeze(dim=1))
        #输出层仿射映射,z 的形状为(样本数量,类别数量)
    return z
...
```

完整的实验参考程序可扫描二维码下载。

【实验 3-6】 使用带有条件模块的选择性聚合及多分类逻辑回归,预测莫尔斯码数据集 II 中输入序列的下一项。

【实验 3-6 参考程序】

```
...
d_dot = d_main                              #点积中向量的维数
...
#定义神经网络
class fnn(torch.nn.Module):
  def __init__(self):
    super(fnn, self).__init__()
    self.emb_input = torch.nn.Embedding(num_embeddings=num_classes,
embedding_dim=d_main)                       #输入序列项的嵌入
    self.emb_position = torch.nn.Embedding(num_embeddings=l, embedding_dim
=d_main)                                     #位置的嵌入
    self.linear_softmax = torch.nn.Linear(in_features=d_main, out_features
=num_classes)                                #输出层的仿射映射
    self.linear_weight = torch.nn.Linear(in_features=d_main, out_features=d
_dot)                                        #和向量序列中向量的仿射映射
```

实验 3-6
的程序

```
    self.linear_weight_cond = torch.nn.Linear(in_features=d_main, out_
features=d_dot)                                    #条件模块
  def forward(self, x, mask, position):
    x_emb = self.emb_input(x)
       #输入序列项的嵌入,x_emb 的形状为(样本数量,序列最大长度,向量维数)
    pos_emb = self.emb_position(position)
       #位置的嵌入,pos_emb 的形状为(样本数量,序列最大长度,向量维数)
    x_pos_emb = (x_emb + pos_emb) * mask.unsqueeze(dim=-1)
                                       #将输入序列填充项对应的和向量清零
    z_weight_vect = self.linear_weight(x_pos_emb)
       #将和向量序列中的向量仿射映射为点积中的向量
       #z_weight_vect 的形状为(样本数量,序列最大长度,点积向量维数)
    z_weight_cond = self.linear_weight_cond(x_pos_emb[:, -1, :])
       #计算条件模块输出的点积中的向量,z_weight_cond 的形状为(样本数量,点积向量维数)
    z_weight = (z_weight_vect @ z_weight_cond.unsqueeze(dim=-1)).squeeze
(dim=-1)                         #计算点积,z_weight 的形状为(样本数量,序列最大长度)
    z_weight = z_weight.masked_fill(mask == 0, float('-inf'))
       #将 z_weight 数组中与输入序列填充项对应的元素置为负无穷大
    weight = torch.nn.functional.softmax(z_weight, dim=-1)
       #计算选择性聚合中的权重向量,weight 的形状为(样本数量,序列最大长度)
    agg = weight.unsqueeze(dim=1) @ x_emb
       #计算和向量序列中向量的加权和,agg 的形状为(样本数量,1,向量维数)
    z = self.linear_softmax(agg.squeeze(dim=1))
       #输出层仿射映射,z 的形状为(样本数量,类别数量)
    return z
...
```

完整的实验参考程序可扫描二维码下载。

【实验 3-7】　使用注意力机制及多分类逻辑回归,预测莫尔斯码数据集Ⅱ中输入序列的下一项。

【实验 3-7 参考程序】

实验 3-7
的程序

```
...
#定义神经网络
class fnn(torch.nn.Module):
  def __init__(self):
    super(fnn, self).__init__()
    self.scaling_coeff = 1.0 / torch.sqrt(torch.tensor(d_main, device=
device))                                    #注意力机制中的缩放系数
    self.emb_input = torch.nn.Embedding(num_embeddings=num_classes,
embedding_dim=d_main)                          #输入序列项的嵌入
```

```python
    self.emb_position = torch.nn.Embedding(num_embeddings=1, embedding_dim
=d_main)                                    #位置的嵌入
    self.linear_softmax = torch.nn.Linear(in_features=d_main, out_features
=num_classes)                               #输出层的仿射映射
    self.linear_k = torch.nn.Linear(in_features=d_main, out_features=d_
main, bias=False)                           #K路输入的线性变换
    self.linear_q = torch.nn.Linear(in_features=d_main, out_features=d_
main, bias=False)                           #Q路输入的线性变换(条件模块)
    self.linear_v = torch.nn.Linear(in_features=d_main, out_features=d_
main, bias=False)                           #V路输入的线性变换
    self.linear_attention = torch.nn.Linear(in_features=d_main, out_
features=d_main, bias=False)                #注意力机制输出的线性变换
  def forward(self, x, mask, position):
    x_emb = self.emb_input(x)
    #输入序列项的嵌入,x_emb 的形状为(样本数量,序列最大长度,向量维数)
    pos_emb = self.emb_position(position)
    #位置的嵌入,pos_emb 的形状为(样本数量,序列最大长度,向量维数)
    x_pos_emb = (x_emb + pos_emb) * mask.unsqueeze(dim=-1)
    #将输入序列填充项对应的和向量清零
    k = self.linear_k(x_pos_emb)
    #K路输入线性变换,k 的形状为(样本数量,序列最大长度,向量维数)
    q = self.linear_q(x_pos_emb[:, -1, :])
    #Q路输入线性变换,q 的形状为(样本数量,向量维数)
    v = self.linear_v(x_pos_emb)
    #V路输入线性变换,v 的形状为(样本数量,序列最大长度,向量维数)
    scaled_dotproduct = (k @ q.unsqueeze(dim=-1)).squeeze(dim=-1) * self.
scaling_coeff
    #计算带有缩放系数的点积,scaled_dotproduct 的形状为(样本数量,序列最大长度)
    masked_scaled_dotproduct = scaled_dotproduct.masked_fill(mask == 0,
float('-inf'))
    #将 scaled_dotproduct 数组中与输入序列填充项对应的元素置为负无穷大
    weight = torch.nn.functional.softmax(masked_scaled_dotproduct, dim=-1)
    #计算序列聚合中的权重向量,weight 的形状为(样本数量,序列最大长度)
    agg = weight.unsqueeze(dim=1) @ v
    #计算和向量序列中向量的加权和,agg 的形状为(样本数量,1,向量维数)
    att_out = self.linear_attention(agg)
    #注意力机制输出线性变换,att_out 的形状为(样本数量,1,向量维数)
    z = self.linear_softmax(att_out.squeeze(dim=1))
    #输出层仿射映射,z 的形状为(样本数量,类别数量)
    return z
...
```

完整的实验参考程序可扫描二维码下载。

【实验 3-8】　使用多头注意力机制及多分类逻辑回归，预测莫尔斯码数据集Ⅱ中输入序列的下一项。

【实验 3-8 参考程序】

实验 3-8
的程序

```
...
h = 2                                                    #多头注意力机制中的头数(组数)
d_head = d_main //h                                      #每组中向量的维数
...
    self.scaling_coeff = 1.0 / torch.sqrt(torch.tensor(d_head, device=
device))                                                 #多头注意力机制中的缩放系数
...
    k = self.linear_k(x_pos_emb).unflatten(dim=-1, sizes=(h, d_head))
        #K路输入线性变换、分组,k的形状为(样本数量,序列最大长度,组数,组中向量维数)
    q = self.linear_q(x_pos_emb[:, -1, :]).unflatten(dim=-1, sizes=(h, d_
head))                        #Q路输入线性变换、分组,q的形状为(样本数量,组数,组中向量维数)
    v = self.linear_v(x_pos_emb).unflatten(dim=-1, sizes=(h, d_head))
        #V路输入线性变换、分组,v的形状为(样本数量,序列最大长度,组数,组中向量维数)
    scaled_dotproduct = torch.sum(k * q.unsqueeze(dim=1), dim=-1) * self.
scaling_coeff
        #计算带有缩放系数的点积,scaled_dotproduct的形状为(样本数量,序列最大长度,组数)
    masked_scaled_dotproduct = scaled_dotproduct.masked_fill(mask.unsqueeze
(dim=-1) == 0, float('-inf'))
        #将 scaled_dotproduct 数组中与输入序列填充项对应的元素置为负无穷大
    weight = torch.nn.functional.softmax(masked_scaled_dotproduct, dim=1)
        #计算序列聚合中的权重向量,weight 的形状为(样本数量,序列最大长度,组数)
    agg = torch.sum(weight.unsqueeze(dim=-1) * v, dim=1)
        #计算分组后的和向量序列中向量的加权和,agg 的形状为(样本数量,组数,组中向量维数)
    att_out = self.linear_attention(agg.flatten(start_dim=1))
        #注意力机制输出线性变换,att_out 的形状为(样本数量,向量维数)
    z = self.linear_softmax(att_out)
        #输出层仿射映射,z 的形状为(样本数量,类别数量)
...
```

完整的实验参考程序可扫描二维码下载。

【实验 3-9】　使用添加了条件模块的注意力机制及多分类逻辑回归，预测莫尔斯码数据集Ⅱ中输入序列的下一项。

【实验 3-9 参考程序】

实验 3-9
的程序

```
...
    self.linear_q2 = torch.nn.Linear(in_features=d_main, out_features=d_
main, bias=False)
        #第二个 Q 路输入的线性变换(第二个条件模块)
```

```
...
    index = - (mask.sum(dim=-1) > 1).to(dtype=torch.long) - 1
        #和向量序列中倒数第二个向量的索引,index 的形状为(样本数量)
    q2 = self.linear_q2(x_pos_emb[torch.arange(x_pos_emb.shape[0]),
index, :])
        #第二个 Q 路输入线性变换,q2 的形状为(样本数量,向量维数)
    scaled_dotproduct = (k @ (q * q2).unsqueeze(dim=-1)).squeeze(dim=-1) *
self.scaling_coeff
        #计算带有缩放系数的、两个条件模块输出向量相乘后向量的点积,scaled_dotproduct
        #的形状为(样本数量,序列最大长度)
...
```

完整的实验参考程序可扫描二维码下载。

A.4　第 4 章实验

【实验 4-1】　使用如图 4-3 所示的序列预测神经网络,预测莫尔斯码数据集Ⅲ中输入序列的下一项(使用样本组训练模型)。

【实验 4-1 参考程序】

实验 4-1
的程序

```
...
batch_size = 1024                              #批长
...
#读取数据集
sequence_train = torch.load('morsecode_trainset.pt').to(device=device)
  #读取训练数据集,并迁移至指定设备,sequence_train 的形状为(已知序列长度)
test_batchsizes, x_test, y_test = torch.load('morsecode_testset_batched.pt')
  #读取测试数据集
num_train_batches = (sequence_train.shape[0] - 1) //batch_size
  #训练样本组的小批数
num_train_examples = num_train_batches * batch_size
  #训练样本组的数量
num_test_examples = torch.sum(test_batchsizes)
  #测试样本的数量
test_batchsizes = test_batchsizes.to(device=device)
  #各小批中测试样本的数量,迁移至指定设备,test_batchsizes 的形状为(序列最大长度)
x_test = x_test.to(device=device)
  #测试样本的输入序列,迁移至指定设备,x_test 的形状为(样本数量,序列最大长度)
y_test = y_test.to(device=device)
  #测试样本的标注,迁移至指定设备,y_test 的形状为(样本数量)
#定义神经网络
```

```
class fnn(torch.nn.Module):
   def __init__(self):
     super(fnn, self).__init__()
     self.scaling_coeff = 1.0 / torch.sqrt(torch.tensor(d_main, device=
device))                                    #注意力机制中的缩放系数
     self.lower_tri = torch.tril(torch.ones(l, l, device=device))
       #下三角矩阵
   ...
   def forward(self, x):
     examples, length = x.shape                #输入数组各维的大小
     #序列嵌入
     x_emb = self.emb_input(x)
       #输入序列项的嵌入，x_emb 的形状为(样本数量,序列最大长度,向量维数)
     pos_emb = self.emb_position(torch.arange(length, device=device).
unsqueeze(dim=0))           #位置的嵌入,pos_emb 的形状为(1,序列最大长度,向量维数)
     x_pos_emb = x_emb + pos_emb
       #序列项向量与位置向量的和向量，x_pos_emb 的形状为(样本数量,序列最大长度,向量维数)
     #注意力机制
     k = self.linear_k(x_pos_emb)
       #K 路输入线性变换,k 的形状为(样本数量,序列最大长度,向量维数)
     q = self.linear_q(x_pos_emb)
       #Q 路输入线性变换,q 的形状为(样本数量,序列最大长度,向量维数)
     v = self.linear_v(x_pos_emb)
       #V 路输入线性变换,v 的形状为(样本数量,序列最大长度,向量维数)
     scaled_dotproduct = (q @ k.transpose(-1, -2)) * self.scaling_coeff
       #计算带有缩放系数的点积,scaled_dotproduct 的形状为(样本数量,序列最大长
       #度,序列最大长度)
     masked_scaled_dotproduct = scaled_dotproduct.masked_fill(self.lower_tri
[:length, :length] == 0, float('-inf'))
       #将 scaled_dotproduct 数组中与输入序列填充项对应的元素(图 4-6 中阴影格元
       #素)置为负无穷大
     weight = torch.nn.functional.softmax(masked_scaled_dotproduct, dim=-1)
       #计算序列聚合中的权重向量,weight 的形状为(样本数量,序列最大长度,序列最大长度)
     agg = weight @ v
       #注意力机制中的加权聚合,agg 的形状为(样本数量,序列最大长度,向量维数)
     att_out = self.linear_attention(agg)
       #注意力机制输出线性变换,att_out 的形状为(样本数量,序列最大长度,向量维数)
     #输出层的仿射映射
     z = self.linear_softmax(att_out)
       #z 的形状为(样本数量,序列最大长度,类别数量)
     return z
   ...
```

```python
#训练过程中每个 epoch 的循环
for epoch in range(num_epochs):
    #随机排序训练样本组
    index_example = torch.randperm(num_train_examples)
        #每个训练样本组的输入序列第一项的索引
    index_batch = index_example.reshape((-1, batch_size))
        #每个小批中的索引,index_batch 的形状为(训练样本组的小批数,批长)
    #每小批训练样本组的循环
    for batch in range(num_train_batches):
        #为当前小批准备样本组的输入序列及标注序列
        x_train_batch = torch.stack([sequence_train[index_batch[batch, i] :
index_batch[batch, i] + l] for i in range(batch_size)])
            #样本组的输入序列,x_train_batch 的形状为(批长,序列最大长度)
        y_train_batch = torch.stack([sequence_train[index_batch[batch, i] + 1 :
index_batch[batch, i] + 1 + l] for i in range(batch_size)])
            #样本组的标注序列,y_train_batch 的形状为(批长,序列最大长度)
        #正向传播
        z = model(x_train_batch)                        #进行正向传播
        cost = loss_function(z.transpose(-1, -2), y_train_batch)   #计算代价
    ...
    #在训练数据集上和测试数据集上评估模型
    with torch.inference_mode():                    #仅预测模式
        model.eval()                                #将模型置于评估模式
        #在训练数据集上评估模型
        correct_train = 0                           #被正确分类的训练样本的数量
        for eval_batch in range(num_train_batches):   #每小批训练样本组的循环
            x_eval_batch = torch.stack([sequence_train[eval_batch * batch_size
+ i : eval_batch * batch_size + i + l] for i in range(batch_size)])
                #为当前小批准备输入序列
            y_eval_batch = torch.stack([sequence_train[eval_batch * batch_size
+ i + 1 : eval_batch * batch_size + i + 1 + l] for i in range(batch_size)])
                #为当前小批准备标注序列
            z = model(x_eval_batch)                 #进行正向传播
            correct_train += torch.sum(torch.argmax(z, dim=-1) == y_eval_batch)
                #累加被正确分类的训练样本的数量
        accuracy_train_saved.append(correct_train.item() / (num_train_batches *
batch_size * l))
                                    #计算并保存训练数据集上的分类准确度
        #在测试数据集上评估模型
        correct_test = 0                            #被正确分类的测试样本的数量
        test_start = 0                              #当前小批中第一个测试样本的索引
        for eval_batch in range(l):                 #每小批测试样本的循环
            if test_batchsizes[eval_batch] > 0:     #检查当前小批中是否存在测试样本
```

```
                test_end = test_start + test_batchsizes[eval_batch]
                    #下一个小批中第一个测试样本的索引
                z = model(x_test[test_start:test_end, :eval_batch+1])
                    #进行正向传播
                correct_test += torch.sum(torch.argmax(z[:, -1, :], dim=-1) == y_
        test[test_start:test_end])              #累加被正确分类的测试样本的数量
                test_start = test_end            #当前小批中第一个测试样本的索引
            accuracy_test_saved.append(correct_test.item() / num_test_examples)
                #计算并保存测试数据集上的分类准确度
            model.train()                        #将模型置于训练模式
        ...
```

完整的实验参考程序可扫描二维码下载。

【实验 4-2】 使用如图 4-8 所示的加入前馈网络后的序列预测神经网络，预测莫尔斯码数据集Ⅲ中输入序列的下一项（使用样本组训练模型）。

【实验 4-2 参考程序】

实验 4-2
的程序

```
    ...
        self.linear_ffn1 = torch.nn.Linear(in_features=d_main, out_features=d_
    main * 4)                       #前馈网络隐含层的仿射映射
        self.linear_ffn2 = torch.nn.Linear(in_features=d_main * 4, out_features
    =d_main)                        #前馈网络输出层的仿射映射
    ...
        #前馈网络
        ffn_out = self.linear_ffn2(torch.nn.functional.relu(self.linear_ffn1
    (att_out)))                     #ffn_out 的形状为(样本数量,序列最大长度,向量维数)
        #输出层的仿射映射
        z = self.linear_softmax(ffn_out)  #z 的形状为(样本数量,序列最大长度,类别数量)
    ...
```

完整的实验参考程序可扫描二维码下载。

【实验 4-3】 使用如图 4-11 所示的加入残差连接后的序列预测神经网络，预测莫尔斯码数据集Ⅲ中输入序列的下一项（使用样本组训练模型）。

【实验 4-3 参考程序】

实验 4-3
的程序

```
    ...
        #注意力机制的残差连接
        ffn_in = att_out + x_pos_emb
          #ffn_in 的形状为(样本数量,序列最大长度,向量维数)
        #前馈网络
```

```
        ffn_out = self.linear_ffn2(torch.nn.functional.relu(self.linear_ffn1
(ffn_in)))
            #ffn_out 的形状为(样本数量,序列最大长度,向量维数)
        #前馈网络的残差连接
        out = ffn_out + ffn_in
            #out 的形状为(样本数量,序列最大长度,向量维数)输出层的仿射映射
        z = self.linear_softmax(out)  #z 的形状为(样本数量,序列最大长度,类别数量)
...
```

完整的实验参考程序可扫描二维码下载。

【实验 4-4】 使用如图 4-15 所示的加入层标准化后的序列预测神经网络,预测莫尔斯码数据集Ⅲ中输入序列的下一项(使用样本组训练模型)。

【实验 4-4 参考程序】

```
...
    self.layernorm = torch.nn.LayerNorm(normalized_shape=d_main,
elementwise_affine=False)                        #层标准化
    ...
    #注意力机制
    x_ln = self.layernorm(x_pos_emb)
        #注意力机制输入层标准化,x_ln 的形状为(样本数量,序列最大长度,向量维数)
    ...
    #前馈网络
    ffn_in_ln = self.layernorm(ffn_in)
        #前馈网络输入层标准化,ffn_in_ln 的形状为(样本数量,序列最大长度,向量维数)
    ...
    #输出层的仿射映射
    out_ln = self.layernorm(out)
        #输出层输入层标准化,out_ln 的形状为(样本数量,序列最大长度,向量维数)
    ...
```

实验 4-4 的程序

完整的实验参考程序可扫描二维码下载。

【实验 4-5】 使用如图 4-17 所示的加入 dropout 后的序列预测神经网络,预测莫尔斯码数据集Ⅲ中输入序列的下一项(使用样本组训练模型)。

【实验 4-5 参考程序】

```
...
p_dropout = 0.1                                #dropout 中的 p
    ...
    self.dropout = torch.nn.Dropout(p=p_dropout)  #dropout
    ...
```

实验 4-5 的程序

```
        x_pos_emb_do = self.dropout(x_pos_emb)              #序列项嵌入输出 dropout
        ...
        att_out_do = self.dropout(att_out)                  #注意力机制输出 dropout
        ...
        ffn_out_do = self.dropout(ffn_out)                  #前馈网络输出 dropout
    ...
```

完整的实验参考程序可扫描二维码下载。

【实验 4-6】 使用多层解码器型 Transformer，预测莫尔斯码数据集Ⅲ中输入序列的下一项（使用样本组训练模型）。

【实验 4-6 参考程序】

实验 4-6
的程序

```
...
num_layers = 6                                  #Transformer 的层数
...
#注意力机制
class Attention(torch.nn.Module):
    def __init__(self):
        super(Attention, self).__init__()
        self.scaling_coeff = 1.0 / torch.sqrt(torch.tensor(d_main, device=
device))                                        #注意力机制中的缩放系数
        self.lower_tri = torch.tril(torch.ones(l, l, device=device))
                                                #下三角矩阵
        self.linear_k = torch.nn.Linear(in_features=d_main, out_features=d_
main, bias=False)                               #K 路输入的线性变换
        self.linear_q = torch.nn.Linear(in_features=d_main, out_features=d_
main, bias=False)                               #Q 路输入的线性变换
        self.linear_v = torch.nn.Linear(in_features=d_main, out_features=d_
main, bias=False)                               #V 路输入的线性变换
        self.linear_attention = torch.nn.Linear(in_features=d_main, out_
features=d_main, bias=False)                    #注意力机制输出的线性变换
    def forward(self, x):
        examples, length, dim = x.shape         #输入数组各维的大小
        k = self.linear_k(x)
            #K 路输入线性变换,k 的形状为(样本数量,序列最大长度,向量维数)
        q = self.linear_q(x)
            #Q 路输入线性变换,q 的形状为(样本数量,序列最大长度,向量维数)
        v = self.linear_v(x)
            #V 路输入线性变换,v 的形状为(样本数量,序列最大长度,向量维数)
        scaled_dotproduct = (q @ k.transpose(-1, -2)) * self.scaling_coeff
            #计算带有缩放系数的点积,scaled_dotproduct 的形状为(样本数量,序列最大长
            #度,序列最大长度)
```

```
        masked_scaled_dotproduct = scaled_dotproduct.masked_fill(self.lower_
tri[:length, :length] == 0, float('-inf'))
            #将 scaled_dotproduct 数组中与输入序列填充项对应的元素(图 4-6 中阴影格元
            #素)置为负无穷大
        weight = torch.nn.functional.softmax(masked_scaled_dotproduct, dim=-1)
            #计算序列聚合中的权重向量,weight 的形状为(样本数量,序列最大长度,序列最大长度)
        agg = weight @ v
            #注意力机制中的加权聚合,agg 的形状为(样本数量,序列最大长度,向量维数)
        att_out = self.linear_attention(agg)
            #注意力机制输出线性变换,att_out 的形状为(样本数量,序列最大长度,向量维数)
        return att_out
#前馈网络
class FFN(torch.nn.Module):
    def __init__(self):
        super(FFN, self).__init__()
        self.linear_ffn1 = torch.nn.Linear(in_features=d_main, out_features=d_
main * 4)                                    #前馈网络隐含层的仿射映射
        self.linear_ffn2 = torch.nn.Linear(in_features=d_main * 4, out_features
=d_main)                                     #前馈网络输出层的仿射映射
    def forward(self, x):
        ffn_out = self.linear_ffn2(torch.nn.functional.relu(self.linear_ffn1
(x)))
            #ffn_out 的形状为(样本数量,序列最大长度,向量维数)
        return ffn_out
#Transformer 中的层
class TransformerLayer(torch.nn.Module):
    def __init__(self):
        super(TransformerLayer, self).__init__()
        self.att = Attention()                    #注意力机制
        self.ffn = FFN()                          #前馈网络
        self.layernorm = torch.nn.LayerNorm(normalized_shape = d_main,
elementwise_affine=False)                        #层标准化
        self.dropout = torch.nn.Dropout(p=p_dropout)   #dropout
    def forward(self, x):
        #注意力机制
        x_ln = self.layernorm(x)
            #注意力机制输入层标准化,x_ln 的形状为(样本数量,序列最大长度,向量维数)
        att_out = self.att(x_ln)
            #注意力机制,att_out 的形状为(样本数量,序列最大长度,向量维数)
        att_out_do = self.dropout(att_out)        #注意力机制输出 dropout
        #注意力机制的残差连接
        ffn_in = att_out_do + x        #ffn_in 的形状为(样本数量,序列最大长度,向量维数)
```

```
        #前馈网络
        ffn_in_ln = self.layernorm(ffn_in)
          #前馈网络输入层标准化,ffn_in_ln 的形状为(样本数量,序列最大长度,向量维数)
        ffn_out = self.ffn(ffn_in_ln)
          #前馈网络,ffn_out 的形状为(样本数量,序列最大长度,向量维数)
        ffn_out_do = self.dropout(ffn_out)        #前馈网络输出 dropout
        #前馈网络的残差连接
        out = ffn_out_do + ffn_in
          #out 的形状为(样本数量,序列最大长度,向量维数)
        return out
#Transformer
class Transformer(torch.nn.Module):
  def __init__(self):
    super(Transformer, self).__init__()
    self.layers = torch.nn.ModuleList([TransformerLayer() for _ in range(num
_layers)])                                #层列表
      self.emb_input = torch.nn.Embedding(num_embeddings=num_classes,
embedding_dim=d_main)                     #输入序列项的嵌入
      self.emb_position = torch.nn.Embedding(num_embeddings=l, embedding_dim
=d_main)                                  #位置的嵌入
      self.linear_softmax = torch.nn.Linear(in_features=d_main, out_features
=num_classes)                             #输出层的仿射映射
      self.layernorm = torch.nn.LayerNorm(normalized_shape=d_main,
elementwise_affine=False)                 #层标准化
      self.dropout = torch.nn.Dropout(p=p_dropout)   #dropout
  def forward(self, x):
    examples, length = x.shape                #输入数组各维的大小
    #序列嵌入
    x_emb = self.emb_input(x)
      #输入序列项的嵌入,x_emb 的形状为(样本数量,序列最大长度,向量维数)
     pos_emb = self.emb_position(torch.arange(length, device=device).
unsqueeze(dim=0))            #位置的嵌入,pos_emb 的形状为(1,序列最大长度,向量维数)
    x_pos_emb = x_emb + pos_emb
      #输入序列项向量与位置向量的和向量,x_pos_emb 的形状为(样本数量,序列最大长
      #度,向量维数)
    x_layers = self.dropout(x_pos_emb)        #序列嵌入输出 dropout
    #Transformer 中的层
    for layer in self.layers:
        x_layers = layer(x_layers)
    #输出层的仿射映射
    out_ln = self.layernorm(x_layers)
      #输出层输入层标准化,out_ln 的形状为(样本数量,序列最大长度,向量维数)
```

```
        z = self.linear_softmax (out_ln)
            #输出层的仿射映射,z 的形状为(样本数量,序列最大长度,类别数量)
        return z
...
```

完整的实验参考程序可扫描二维码下载。

【实验 4-7】　使用多层编码器型 Transformer,预测莫尔斯码数据集Ⅲ中输入序列的下一项。

【实验 4-7 参考程序】

实验 4-7 的程序

```
...
#注意力机制
class Attention(torch.nn.Module):
  def __init__(self, fill:bool=True):
    super(Attention, self).__init__()
    self.scaling_coeff = 1.0 / torch.sqrt (torch.tensor (d_main, device=
device))                              #注意力机制中的缩放系数
    self.lower_tri = torch.tril(torch.ones(l, l, device=device)) if fill else
None                                  #下三角矩阵
    ...
#Transformer 中的层
class TransformerLayer(torch.nn.Module):
  def __init__(self, fill:bool=True):
    super(TransformerLayer, self).__init__()
    self.att = Attention(fill=fill)        #注意力机制
    ...
#Transformer
class Transformer(torch.nn.Module):
  def __init__(self, fill:bool=True):
    super(Transformer, self).__init__()
    self.layers = torch.nn.ModuleList([TransformerLayer(fill=fill) for _ in
range(num_layers)])                    #层列表
    ...
#创建 Transformer 模型,迁移至指定设备
model = Transformer(fill=False) .to(device=device)
    ...
    y_train_batch = torch.stack([sequence_train[index_batch[batch, i] + 1]
for i in range(batch_size)])           #样本的标注,y_train_batch 的形状为(批长)
    ...
    cost = loss_function(z[:, -1, :], y_train_batch)   #计算代价
    ...
```

```
        y_eval_batch = torch.stack([sequence_train[eval_batch * batch_size
+ i + 1] for i in range(batch_size)])          #为当前小批准备标注
    ...
        correct_train += torch.sum(torch.argmax(z[:, -1, :], dim=-1) == y_
eval_batch)                                     #累加被正确分类的训练样本的数量
    accuracy_train_saved.append(correct_train.item() / (num_train_batches *
batch_size))                                    #计算并保存训练数据集上的分类准确度
    ...
    #在测试数据集上评估模型
    eval_batch = 15                      #仅使用输入序列长度为最大长度(16)的测试样本
    test_start = torch.sum(test_batchsizes[:eval_batch])
      #小批中第一个测试样本的索引
    test_end = test_start + test_batchsizes[eval_batch]
      #小批中最后一个测试样本的索引+1
    z = model(x_test[test_start:test_end, :eval_batch+1])     #进行正向传播
    correct_test = torch.sum(torch.argmax(z[:, -1, :], dim=-1) == y_test
[test_start:test_end])                          #被正确分类的测试样本的数量
    accuracy_test_saved.append(correct_test.item() / test_batchsizes[eval_
batch].item())                                  #计算并保存测试数据集上的分类准确度
...
```

完整的实验参考程序可扫描二维码下载。

【实验 4-8】　使用单层编解码器型 Transformer,预测莫尔斯码数据集Ⅲ中输入序列的下一项(使用样本组训练解码器模型)。

【实验 4-8 参考程序】

```
...
learning_rate = 0.001                            #学习率
...
test_batchsizes, dec_x_test, enc_x_test, y_test = torch.load('morsecode_
testset_batched_more.pt')                    #读取测试数据集
num_train_batches = (sequence_train.shape[0] - 1 - 1) //batch_size
  #训练样本组的小批数
dec_x_test = dec_x_test.to(device=device)
  #测试样本的输入序列,迁移至指定设备,dec_x_test 的形状为(样本数量,序列最大长度)
enc_x_test = enc_x_test.to(device=device)
  #测试样本的条件序列,迁移至指定设备,enc_x_test 的形状为(样本数量,条件序列最大长度)
y_test = y_test.to(device=device)
  #测试样本的标注,迁移至指定设备,y_test 的形状为(样本数量)
...
  def forward(self, x_q, x_kv):
```

```
        examples, length_q, dim = x_q.shape        #输入数组 x_q 各维的大小
        _, length_kv, _ = x_kv.shape               #输入数组 x_kv 各维的大小
        k = self.linear_k(x_kv)
          #K 路输入线性变换,k 的形状为(样本数量,K/V 路序列最大长度,向量维数)
        q = self.linear_q(x_q)
          #Q 路输入线性变换,q 的形状为(样本数量,序列最大长度,向量维数)
        v = self.linear_v(x_kv)
          #V 路输入线性变换,v 的形状为(样本数量,K/V 路序列最大长度,向量维数)
        scaled_dotproduct = (q @ k.transpose(-1, -2)) * self.scaling_coeff
          #计算带有缩放系数的点积,scaled_dotproduct 的形状为(样本数量,序列最大长度,
          #K/V 路序列最大长度)
        masked_scaled_dotproduct = scaled_dotproduct.masked_fill(self.lower_tri
[:length_q, :length_q] == 0, float('-inf')) if self.lower_tri is not None else
scaled_dotproduct
          #将 scaled_dotproduct 数组中与输入序列填充项对应的元素(图 4-6 中的阴影格元
          #素)置为负无穷大(若 fill=True)
...
#Transformer 中的层
class TransformerLayer(torch.nn.Module):
  def __init__(self, fill:bool=True, second_att:bool=False):
    super(TransformerLayer, self).__init__()
    self.att1 = Attention(fill=fill)           #图 4-22 下方的注意力机制
#若 fill =True,则为右侧下方的注意力机制;若 fill =False,则为左侧下方的注意力机制
    self.att2 = Attention(fill=False) if second_att else None
        #图 4-22 右侧上方的注意力机制(若 second_att=True)
  ...
  def forward(self, x, x2):
    #图 4-22 下方的注意力机制
    x_ln = self.layernorm(x)
      #注意力机制输入层标准化,x_ln 的形状为(样本数量,序列最大长度,向量维数)
    att1_out = self.att1(x_ln, x_ln)
      #注意力机制,att1_out 的形状为(样本数量,序列最大长度,向量维数)
    att1_out_do = self.dropout(att1_out)        #注意力机制输出 dropout
    #图 4-22 下方注意力机制的残差连接
    att2_in = att1_out_do + x
      #att2_in 的形状为(样本数量,序列最大长度,向量维数)
    #图 4-22 右侧上方的注意力机制
    if self.att2 is not None:
        x_q_ln = self.layernorm(att2_in)
          #注意力机制 Q 路输入层标准化,x_q_ln 的形状为(样本数量,序列最大长度,向量维数)
        x_kv_ln = self.layernorm(x2)
      #注意力机制 K/V 路输入层标准化,x_kv_ln 的形状为(样本数量,K/V 路序列最大长
      #度,向量维数)
```

```
        att2_out = self.att2(x_q_ln, x_kv_ln)
          #注意力机制,att2_out 的形状为(样本数量,序列最大长度,向量维数)
        att2_out_do = self.dropout(att2_out) #注意力机制输出 dropout
        ffn_in = att2_out_do + att2_in      #图 4-22 右侧上方注意力机制的残差连接
      else:
        ffn_in = att2_in
…
#Transformer
class Transformer(torch.nn.Module):
  def __init__(self):
    super(Transformer, self).__init__()
    self.enc_layer = TransformerLayer(fill=False, second_att=False)
      #编码器层
    self.dec_layer = TransformerLayer(fill=True, second_att=True)
      #解码器层
    self.enc_emb_input = torch.nn.Embedding(num_embeddings=num_classes,
embedding_dim=d_main)                        #条件序列项的嵌入
    self.dec_emb_input = torch.nn.Embedding(num_embeddings=num_classes,
embedding_dim=d_main)                        #输入序列项的嵌入
    self.enc_emb_position = torch.nn.Embedding(num_embeddings=1, embedding_
dim=d_main)                                  #编码器中位置的嵌入
    self.dec_emb_position = torch.nn.Embedding(num_embeddings=1, embedding_
dim=d_main)                                  #解码器中位置的嵌入
    …
  def forward(self, enc_x, dec_x):
    _, enc_length = enc_x.shape              #输入数组 enc_x 各维的大小
    examples, dec_length = dec_x.shape       #输入数组 dec_x 各维的大小
    #编码器中的序列嵌入
    enc_x_emb = self.enc_emb_input(enc_x)
      #条件序列项的嵌入,enc_x_emb 的形状为(样本数量,条件序列最大长度,向量维数)
    enc_pos_emb = self.enc_emb_position(torch.arange(enc_length, device=
device).unsqueeze(dim=0))
      #编码器中位置的嵌入,enc_pos_emb 的形状为(1,条件序列最大长度,向量维数)
    enc_x_pos_emb = enc_x_emb + enc_pos_emb
      #序列项向量与位置向量的和向量,enc_x_pos_emb 的形状为(样本数量,条件序列最
      #大长度,向量维数)
    enc_x_pos_emb_do = self.dropout(enc_x_pos_emb)  #序列项嵌入输出 dropout
    #编码器层
    enc_x_layer = self.enc_layer(enc_x_pos_emb_do, None)
    #解码器中的序列嵌入
    dec_x_emb = self.dec_emb_input(dec_x)
      #输入序列项的嵌入,dec_x_emb 的形状为(样本数量,序列最大长度,向量维数)
```

```
        dec_pos_emb = self.dec_emb_position(torch.arange(dec_length, device=
device).unsqueeze(dim=0))
        #解码器中位置的嵌入,dec_pos_emb 的形状为(1,序列最大长度,向量维数)
        dec_x_pos_emb = dec_x_emb + dec_pos_emb
        #序列项向量与位置向量的和向量,dec_x_pos_emb 的形状为(样本数量,序列最大长
        #度,向量维数)
        dec_x_pos_emb_do = self.dropout(dec_x_pos_emb)   #序列嵌入输出 dropout
        #解码器层
        dec_x_layer = self.dec_layer(dec_x_pos_emb_do, enc_x_layer)
        #输出层的仿射映射
        out_ln = self.layernorm(dec_x_layer)        #输出层输入层标准化
...
#创建 Transformer 模型,迁移至指定设备
model = Transformer().to(device=device)
...
        #为当前小批准备样本组的输入序列、标注序列以及条件序列
        enc_x_train_batch = torch.stack([sequence_train[index_batch[batch, i] :
index_batch[batch, i] + l] for i in range(batch_size)])
        #条件序列,enc_x_train_batch 的形状为(批长,条件序列最大长度)
        dec_x_train_batch = torch.stack([sequence_train[index_batch[batch, i] +
l : index_batch[batch, i] + l + l] for i in range(batch_size)])
        #样本组的输入序列,dec_x_train_batch 的形状为(批长,序列最大长度)
        y_train_batch = torch.stack([sequence_train[index_batch[batch, i] + l + l
: index_batch[batch, i] + l + l + l] for i in range(batch_size)])
        #样本组的标注序列,y_train_batch 的形状为(批长,序列最大长度)
        #正向传播
        z = model(enc_x_train_batch, dec_x_train_batch)        #进行正向传播
        cost = loss_function(z.transpose(-1, -2), y_train_batch) #计算代价
        ...
        #在训练数据集上评估模型
        correct_train = 0                        #被正确分类的训练样本的数量
        for eval_batch in range(num_train_batches):  #每小批训练样本组的循环
            enc_x_eval_batch = torch.stack([sequence_train[eval_batch * batch_
size + i : eval_batch * batch_size + i + l] for i in range(batch_size)])
            #为当前小批准备条件序列
            dec_x_eval_batch = torch.stack([sequence_train[eval_batch * batch_
size + i + l : eval_batch * batch_size + i + l + l] for i in range(batch_size)])
            #为当前小批准备输入序列
            y_eval_batch = torch.stack([sequence_train[eval_batch * batch_size
+ i + l + l : eval_batch * batch_size + i + l + l + l] for i in range(batch_
size)])
            #为当前小批准备标注序列
```

```
        z = model(enc_x_eval_batch, dec_x_eval_batch)
            #进行正向传播
        correct_train += torch.sum(torch.argmax(z, dim=-1) == y_eval_batch)
            #累加被正确分类的训练样本的数量
    accuracy_train_saved.append(correct_train.item() / (num_train_batches *
batch_size * 1))                              #计算并保存训练数据集上的分类准确度
    #在测试数据集上评估模型
    correct_test = 0                          #被正确分类的测试样本的数量
    test_start = 0                            #当前小批中第一个测试样本的索引
    for eval_batch in range(1):               #每小批测试样本的循环
        if test_batchsizes[eval_batch] > 0:   #检查当前小批中是否存在测试样本
            test_end = test_start + test_batchsizes[eval_batch]
            #下一个小批中第一个测试样本的索引
            z = model(enc_x_test[test_start:test_end, :], dec_x_test[test_
start:test_end, :eval_batch+1])              #进行正向传播
            correct_test += torch.sum(torch.argmax(z[:, -1, :], dim=-1) == y_
test[test_start:test_end])                   #累加被正确分类的测试样本的数量
            test_start = test_end             #当前小批中第一个测试样本的索引
    accuracy_test_saved.append(correct_test.item() / num_test_examples)
        #计算并保存测试数据集上的分类准确度
...
```

完整的实验参考程序可扫描二维码下载。

【实验 4-9】 使用多层编解码器型 Transformer，预测莫尔斯码数据集 Ⅲ 中输入序列的下一项（使用样本组训练解码器模型）。

【实验 4-9 参考程序】

实验 4-9
的程序

```
...
#Transformer
class Transformer(torch.nn.Module):
    def __init__(self):
        super(Transformer, self).__init__()
        self.enc_layers = torch.nn.ModuleList([TransformerLayer(fill=False,
second_att=False) for _ in range(num_layers)])        #编码器层列表
        self.dec_layers = torch.nn.ModuleList([TransformerLayer(fill=True,
second_att=True) for _ in range(num_layers)])         #解码器层列表
    ...
        #编码器层
        for enc_layer in self.enc_layers:
            enc_x_layers = enc_layer(enc_x_layers, None)
    ...
```

```
    #解码器层
    for dec_layer in self.dec_layers:
        dec_x_layers = dec_layer(dec_x_layers, enc_x_layers)
...
```

完整的实验参考程序可扫描二维码下载。

【实验 4-10】　使用省去编码器层的多层编解码器型 Transformer,预测莫尔斯码数据集Ⅲ中输入序列的下一项(使用样本组训练解码器模型)。

【实验 4-10 参考程序】

```
...
#Transformer
class Transformer(torch.nn.Module):
    def __init__(self):
        super(Transformer, self).__init__()
        self.first_layer = TransformerLayer(fill=True, second_att=True)
                                                      #第一个解码器层
        self.rest_layers = torch.nn.ModuleList([TransformerLayer(fill=True,
second_att=False) for _ in range(num_layers - 1)])       #其余解码器层列表
    ...
        #第一个解码器层
        dec_x_layers = self.first_layer(dec_x_layers, enc_x_layers)
        #其余解码器层
        for dec_layer in self.rest_layers:
            dec_x_layers = dec_layer(dec_x_layers, None)
...
```

实验 4-10
的程序

完整的实验参考程序可扫描二维码下载。

A.5　第 5 章实验

【实验 5-1】　使用 SentencePiece 符号化《陋室铭》。

【实验 5-1 参考程序】

```
import sentencepiece as spm                #导入 SentencePiece
#训练 SentencePiece 模型
spm.SentencePieceTrainer.train(input='5-1_loushiming.txt', model_prefix='
loushiming', vocab_size=100, character_coverage=1.0, model_type='bpe')
#创建 SentencePiece 处理器对象
sp = spm.SentencePieceProcessor(model_file='loushiming.model')
```

实验 5-1
的程序

```
#符号化
input_text = '山不在高,有仙则名。'
token = sp.encode(input_text)
print('Tokens: ', token)
#去符号化
output_text = sp.decode(token)
print('Text: ', output_text)
```

完整的实验参考程序可扫描二维码下载。

【实验 5-2】 使用编码器型 Transformer 完成影评数据集上的情感分类任务。

【实验 5-2 参考程序】

实验 5-2
的程序

```
...
#实验中的设置
num_epochs = 10                    #epoch 的数量
learning_rate = 0.001              #学习率
vocab_size = 5000                  #词汇表的大小
num_classes = 2                    #数据集中类别的数量
l = 256                            #序列的最大长度
d_main = 128                       #模型中向量的维数
batch_size = 64                    #批长
p_dropout = 0.1                    #dropout 中的 p
num_layers = 6                     #Transformer 的层数
...
#读取数据集
x_train, x_len_train, y_train = torch.load('review_trainset.pt')
  #读取训练数据集
x_test, x_len_test, y_test = torch.load('review_testset.pt')
  #读取测试数据集
x_train = x_train.to(dtype=torch.long, device=device)
  #训练样本的输入序列,转换为长整型并迁移至指定设备,x_train 的形状为(样本数量,序
  #列最大长度)
x_len_train = x_len_train.to(dtype=torch.int, device=device)
  #训练样本输入序列的长度,转换为整型并迁移至指定设备,x_len_train 的形状为(样本数量)
y_train = y_train.to(dtype=torch.long, device=device)
  #训练样本的标注,转换为长整型并迁移至指定设备,y_train 的形状为(样本数量)
x_test = x_test.to(dtype=torch.long, device=device)
  #测试样本的输入序列,转换为长整型并迁移至指定设备,x_test 的形状为(样本数量,序列
  #最大长度)
x_len_test = x_len_test.to(dtype=torch.int, device=device)
  #测试样本输入序列的长度,转换为整型并迁移至指定设备,x_len_test 的形状为(样本数量)
y_test = y_test.to(dtype=torch.long, device=device)
```

```
        #测试样本的标注,转换为长整型并迁移至指定设备,y_test 的形状为(样本数量)
num_train_batches = x_train.shape[0] //batch_size      #训练样本的小批数
num_train_examples = num_train_batches * batch_size    #训练样本的数量
num_test_batches = x_test.shape[0] //batch_size        #测试样本的小批数
num_test_examples = num_test_batches * batch_size      #测试样本的数量
...
#注意力机制
class Attention(torch.nn.Module):
  def __init__(self, fill:bool=True):
    super(Attention, self).__init__()
    self.scaling_coeff = 1.0 / torch.sqrt(torch.tensor(d_main, device=
device))                                      #注意力机制中的缩放系数
    self.lower_tri = torch.tril(torch.ones(l, l, device=device)) if fill else
None                                          #下三角矩阵
    self.linear_k = torch.nn.Linear(in_features=d_main, out_features=d_
main, bias=False)                             #K 路输入的线性变换
    self.linear_q = torch.nn.Linear(in_features=d_main, out_features=d_
main, bias=False)                             #Q 路输入的线性变换
    self.linear_v = torch.nn.Linear(in_features=d_main, out_features=d_
main, bias=False)                             #V 路输入的线性变换
     self.linear_attention = torch.nn.Linear(in_features=d_main, out_
features=d_main, bias=False)                  #注意力机制输出的线性变换
  def forward(self, x, x_lengths):
    examples, length, dim = x.shape           #输入数组各维的大小
    k = self.linear_k(x)
    #K 路输入线性变换,k 的形状为(样本数量,序列最大长度,向量维数)
    q = self.linear_q(x)
    #Q 路输入线性变换,q 的形状为(样本数量,序列最大长度,向量维数)
    v = self.linear_v(x)
    #V 路输入线性变换,v 的形状为(样本数量,序列最大长度,向量维数)
    scaled_dotproduct = (q @ k.transpose(-1, -2)) * self.scaling_coeff
    #计算带有缩放系数的点积,scaled_dotproduct 的形状为(样本数量,序列最大长
    #度,序列最大长度)
    if x_lengths is not None:                 #若小批中样本组输入序列的长度不一致
      numbers = torch.arange(length, device=device).unsqueeze(dim=0)
        #自然数列,其形状为(1,序列最大长度)
      seq_mask_vector = x_lengths.unsqueeze(dim=-1) > numbers
        #掩码向量,其形状为(样本数量,序列最大长度)
      seq_mask_matrix = seq_mask_vector.unsqueeze(dim=-1) * seq_mask_
vector.unsqueeze(dim=1)  #掩码矩阵,其形状为(样本数量,序列最大长度,序列最大长度)
      seq_mask_matrix = seq_mask_matrix * self.lower_tri[:length, :length]
if self.lower_tri is not None else seq_mask_matrix
```

```
        #将 seq_mask_matrix 数组中与输入序列填充项对应的元素(图 4-6中阴影格元
        #素)清零(若 fill=True)
    masked_scaled_dotproduct = scaled_dotproduct.masked_fill(seq_mask_
matrix == 0, float('-inf'))
        #将 scaled_dotproduct 数组中与 seq_mask_matrix 数组中 0 值元素位置相
        #同的元素置为负无穷大
    weight = torch.nn.functional.softmax(masked_scaled_dotproduct, dim=-1)
        #计算序列聚合中的权重向量,weight 的形状为(样本数量,序列最大长度,序列
        #最大长度)
    weight = weight.masked_fill(seq_mask_vector.unsqueeze(dim=-1) == 0, 0)
        #将 weight 数组中与输入序列填充项对应的权重向量清零
  else:                                   #若小批中所有样本组输入序列的长度都相等
    masked_scaled_dotproduct = scaled_dotproduct.masked_fill(self.lower
_tri[:length, :length] == 0, float('-inf')) if self.lower_tri is not None else
scaled_dotproduct
        #将 scaled_dotproduct 数组中与输入序列填充项对应的元素(图 4-6中阴影
        #格元素)置为负无穷大(若 fill=True)
    weight = torch.nn.functional.softmax(masked_scaled_dotproduct, dim=-1)
        #计算序列聚合中的权重向量,weight 的形状为(样本数量,序列最大长度,序列
        #最大长度)
  agg = weight @ v
    #注意力机制中的加权聚合,agg 的形状为(样本数量,序列最大长度,向量维数)
  att_out = self.linear_attention(agg)
    #注意力机制输出线性变换,att_out 的形状为(样本数量,序列最大长度,向量维数)
  return att_out
...
#Transformer 中的层
class TransformerLayer(torch.nn.Module):
  def __init__(self, fill:bool=True):
    super(TransformerLayer, self).__init__()
    self.att = Attention(fill=fill)            #注意力机制
    self.ffn = FFN()                           #前馈网络
    self.layernorm = torch.nn.LayerNorm(normalized_shape = d_main,
elementwise_affine=False)                      #层标准化
    self.dropout = torch.nn.Dropout(p=p_dropout)  #dropout
  def forward(self, x, x_lengths):
    #注意力机制
    x_ln = self.layernorm(x)
    #注意力机制输入层标准化,x_ln 的形状为(样本数量,序列最大长度,向量维数)
    att_out = self.att(x_ln, x_lengths)
    #注意力机制,att_out 的形状为(样本数量,序列最大长度,向量维数)
    att_out_do = self.dropout(att_out)         #注意力机制输出 dropout
```

```python
        #注意力机制的残差连接
        ffn_in = att_out_do + x       #ffn_in 的形状为(样本数量,序列最大长度,向量维数)
        #前馈网络
        ffn_in_ln = self.layernorm(ffn_in)
            #前馈网络输入层标准化,ffn_in_ln 的形状为(样本数量,序列最大长度,向量维数)
        ffn_out = self.ffn(ffn_in_ln)
            #前馈网络,ffn_out 的形状为(样本数量,序列最大长度,向量维数)
        ffn_out_do = self.dropout(ffn_out)          #前馈网络输出 dropout
        #前馈网络的残差连接
        out = ffn_out_do + ffn_in       #out 的形状为(样本数量,序列最大长度,向量维数)
        return out
#Transformer
class Transformer(torch.nn.Module):
    def __init__(self, fill:bool=True):
        super(Transformer, self).__init__()
        self.layers = torch.nn.ModuleList([TransformerLayer(fill=fill) for _ in
range(num_layers)])                       #层列表
        self.emb_input = torch.nn.Embedding(num_embeddings=vocab_size,
embedding_dim=d_main)                      #序列项的嵌入
        self.emb_position = torch.nn.Embedding(num_embeddings=l, embedding_dim
=d_main)                                   #位置的嵌入
        self.linear_softmax = torch.nn.Linear(in_features=d_main, out_features
=num_classes)                              #输出层的仿射映射
        self.layernorm = torch.nn.LayerNorm(normalized_shape=d_main,
elementwise_affine=False)                  #层标准化
        self.dropout = torch.nn.Dropout(p=p_dropout)  #dropout
    def forward(self, x, x_lengths):
        examples, length = x.shape                #输入数组各维的大小
        #序列嵌入
        x_emb = self.emb_input(x)
            #序列项的嵌入,x_emb 的形状为(样本数量,序列最大长度,向量维数)
        pos_emb = self.emb_position(torch.arange(length, device=device).
unsqueeze(dim=0))            #位置嵌入,pos_emb 的形状为(1,序列最大长度,向量维数)
        x_pos_emb = x_emb + pos_emb
            #序列项向量与位置向量的和向量,x_pos_emb 的形状为(样本数量,序列最大长度,向量维数)
        x_layers = self.dropout(x_pos_emb)          #序列嵌入输出 dropout
        #Transformer 中的层
        for layer in self.layers:
            x_layers = layer(x_layers, x_lengths)
        #输出层的仿射映射
        out_ln = self.layernorm(x_layers)
            #输出层输入层标准化,out_ln 的形状为(样本数量,序列最大长度,向量维数)
```

```
        z = self.linear_softmax(out_ln)
            #输出层仿射映射,z 的形状为(样本数量,序列最大长度,类别数量)
        return z
...
#创建 Transformer 模型,迁移至指定设备
model = Transformer(fill=False).to(device=device)
...
example_index = torch.arange(batch_size, dtype=torch.int, device=device)
    #项数等于批长的自然数列,用来索引小批中的各个样本
...
        #为当前小批准备样本的输入序列及标注
        x_train_batch = torch.stack([x_train[index_batch[batch, i], :] for i in
range(batch_size)])      #样本的输入序列,x_train_batch 的形状为(批长,序列最大长度)
        x_len_train_batch = torch.stack([x_len_train[index_batch[batch, i]] for
i in range(batch_size)])      #样本输入序列的长度,x_len_train_batch 的形状为(批长)
        y_train_batch = torch.stack([y_train[index_batch[batch, i]] for i in
range(batch_size)])                    #样本的标注,y_train_batch 的形状为(批长)
        #正向传播
        z = model(x_train_batch, x_len_train_batch)    #进行正向传播
        cost = loss_function(z[example_index, x_len_train_batch-1, :], y_train_
batch)                                                 #计算代价
...
```

完整的实验参考程序可扫描二维码下载。

【实验 5-3】 使用解码器型 Transformer 完成童话数据集上的序列预测任务(使用样本组训练模型)。

【实验 5-3 参考程序】

实验 5-3
的程序

```
...
num_test_batches = 500                                       #测试样本组的小批数
...
#读取数据集
sequence = torch.load('fairytale_tokenid.pt').to(dtype=torch.long, device=
device)
    #读取符号标识序列,转换为长整型并迁移至指定设备
    #sequence 的形状为(已知序列长度)
num_total_batches = (sequence.shape[0] - 1) //batch_size    #样本组的小批数
num_total_examplegroups = num_total_batches * batch_size    #样本组的数量
num_train_batches = num_total_batches - num_test_batches    #训练样本组的小批数
num_train_examplegroups = num_train_batches * batch_size    #训练样本组的数量
...
        #为当前小批准备样本组的输入序列及标注序列
```

```
    x_train_batch = torch.stack([sequence[index_batch[batch, i] : index_
batch[batch, i] + l] for i in range(batch_size)])
        #样本组的输入序列,x_train_batch 的形状为(批长,序列最大长度)
    y_train_batch = torch.stack([sequence[index_batch[batch, i] + 1 : index_
batch[batch, i] + l + 1] for i in range(batch_size)])
        #样本组的标注序列,y_train_batch 的形状为(批长,序列最大长度)
    #正向传播
    z = model(x_train_batch)                          #进行正向传播
    cost = loss_function(z.transpose(-1, -2), y_train_batch)   #计算代价
...
```

完整的实验参考程序可扫描二维码下载。

【实验 5-4】　使用实验 5-3 中的模型以及 top-p 方法生成符号标识序列,并将其对应为文本。

【实验 5-4 参考程序】

```
...
#初始文本
start_text = '很久很久以前'
#创建 SentencePiece 处理器对象,并符号化初始文本
sp = spm.SentencePieceProcessor(model_file='fairytale.model')
sequence = torch.tensor(sp.encode(start_text), dtype=torch.int, device=
device)
...
    z = model(sequence.unsqueeze(dim=0))    #进行正向传播
    ...
    #将得到的序列下一项加入序列
    sequence = torch.cat((sequence, next_item))
    ...
#打印生成的文本
print('Generated text:', sp.decode(sequence.tolist()))
```

实验 5-4 的程序

完整的实验参考程序可扫描二维码下载。

【实验 5-5】　使用编解码器型 Transformer 完成语言翻译数据集上的条件序列预测任务。

【实验 5-5 参考程序】

```
...
vocab_size = 3000          #编码器中及解码器中词汇表的大小
l_enc = 86                 #条件序列的最大长度
l_dec = 82                 #序列的最大长度
```

实验 5-5 的程序

```
num_test_batches = 100                              #测试样本的小批数
...
#读取数据集
ch_sequence_x, ch_sequence_len, ch_sequence_y = torch.load('ch_sequence.pt')
   #读取输入序列、标注序列
en_sequence, en_sequence_len = torch.load('en_sequence.pt')   #读取条件序列
ch_sequence_x = ch_sequence_x.to(dtype=torch.long, device=device)
   #输入序列,转换为长整型并迁移至指定设备,ch_sequence_x 的形状为(样本数量,序列最大长度)
ch_sequence_len = ch_sequence_len.to(dtype=torch.int, device=device)
   #输入序列的长度,转换为整型并迁移至指定设备,ch_sequence_len 的形状为(样本数量)
ch_sequence_y = ch_sequence_y.to(dtype=torch.long, device=device)
   #标注序列,转换为长整型并迁移至指定设备,ch_sequence_y 的形状为(样本数量,序列最大长度)
en_sequence = en_sequence.to(dtype=torch.long, device=device)
   #条件序列,转换为长整型并迁移至指定设备,en_sequence 的形状为(样本数量,条件序列
   #最大长度)
en_sequence_len = en_sequence_len.to(dtype=torch.int, device=device)
   #条件序列的长度,转换为整型并迁移至指定设备,en_sequence_len 的形状为(样本数量)
num_total_batches = ch_sequence_x.shape[0] //batch_size
   #样本组的小批数
num_total_examplegroups = num_total_batches * batch_size
   #样本组的数量
num_train_batches = num_total_batches - num_test_batches
   #训练样本组的小批数
num_train_examplegroups = num_train_batches * batch_size
   #训练样本组的数量
...
#注意力机制
class Attention(torch.nn.Module):
  def __init__(self, fill:bool=True):
    super(Attention, self).__init__()
    self.scaling_coeff = 1.0 / torch.sqrt(torch.tensor(d_main, device=
device))                                       #注意力机制中的缩放系数
    self.lower_tri = torch.tril(torch.ones(l_dec, l_dec, device=device)) if
fill else None                                 #下三角矩阵
...
  def forward(self, x_q, x_q_lengths, x_kv, x_kv_lengths):
    examples, length_q, dim = x_q.shape        #输入数组 x_q 各维的大小
    _, length_kv, _ = x_kv.shape               #输入数组 x_kv 各维的大小
    k = self.linear_k(x_kv)
      #K 路输入线性变换,k 的形状为(样本数量,K/V 路序列最大长度,向量维数)
    q = self.linear_q(x_q)
      #Q 路输入线性变换,q 的形状为(样本数量,序列最大长度,向量维数)
```

```
        v = self.linear_v(x_kv)
```
　　　　#V路输入线性变换，v的形状为(样本数量，K/V路序列最大长度，向量维数)
```
        scaled_dotproduct = (q @ k.transpose(-1, -2)) * self.scaling_coeff
```
　　　　#计算带有缩放系数的点积，scaled_dotproduct 的形状为(样本数量，序列最大长度
　　　　#K/V路序列最大长度)
```
        if x_q_lengths is not None or x_kv_lengths is not None:
```
　　　　#若小批中样本组输入序列的长度不一致或条件序列的长度不一致
```
            numbers_q = torch.arange(length_q, device=device).unsqueeze(dim=0)
if x_q_lengths is not None else None
```
　　　　　　#自然数列(当小批中样本组输入序列的长度不一致时使用)
　　　　　　#其形状为(1，序列最大长度)
```
            numbers_kv = torch.arange(length_kv, device=device).unsqueeze(dim=
0) if x_kv_lengths is not None else None
```
　　　　　　#自然数列(当小批中条件序列的长度不一致时使用)
　　　　　　#其形状为(1，K/V路序列最大长度)
```
            seq_mask_vector_q = x_q_lengths.unsqueeze(dim=-1) > numbers_q if x_q_
lengths is not None else torch.ones((examples, length_q), device=device)
```
　　　　　　#掩码向量，其形状为(样本数量，序列最大长度)
```
            seq_mask_vector_kv = x_kv_lengths.unsqueeze(dim=-1) > numbers_kv if x
_kv_lengths is not None else torch.ones((examples, length_kv), device=device)
```
　　　　　　#掩码向量，其形状为(样本数量，K/V路序列最大长度)
```
            seq_mask_matrix = seq_mask_vector_q.unsqueeze(dim=-1) * seq_mask_
vector_kv.unsqueeze(dim=1)
```
　　　　　　#掩码矩阵，其形状为(样本数量，序列最大长度，K/V路序列最大长度)
```
            seq_mask_matrix = seq_mask_matrix * self.lower_tri[:length_q, :
length_kv] if self.lower_tri is not None else seq_mask_matrix
```
　　　　　　#将 seq_mask_matrix 数组中与输入序列填充项对应的元素(图 4-6 中阴影格元
　　　　　　#素)清零(若 fill=True)
```
            masked_scaled_dotproduct = scaled_dotproduct.masked_fill(seq_mask_
matrix == 0, float('-inf'))
```
　　　　　　#将 scaled_dotproduct 数组中与 seq_mask_matrix 数组中 0 值元素位置相
　　　　　　#同的元素置为负无穷大
```
            weight = torch.nn.functional.softmax(masked_scaled_dotproduct, dim=-1)
```
　　　　　　#计算序列聚合中的权重向量，weight 的形状为(样本数量，序列最大长度，K/V路
　　　　　　#序列最大长度)
```
            weight = weight.masked_fill(seq_mask_vector_q.unsqueeze(dim=-1) == 0, 0)
```
　　　　　　#将 weight 数组中与输入序列填充项对应的权重向量清零
```
        else:            #若小批中所有样本输入序列的长度都相等且条件序列的长度也都相等
            masked_scaled_dotproduct = scaled_dotproduct.masked_fill(self.lower_
tri[:length_q, :length_kv] == 0, float('-inf')) if self.lower_tri is not None
else scaled_dotproduct
```
　　　　　　#将 scaled_dotproduct 数组中与输入序列填充项对应的元素(图 4-6 中阴影
　　　　　　#格元素)置为负无穷大(若 fill=True)

```
        weight = torch.nn.functional.softmax(masked_scaled_dotproduct, dim=-1)
            #计算序列聚合中的权重向量
            #weight 的形状为(样本数量,序列最大长度,K/V 路序列最大长度)
        agg = weight @ v
          #注意力机制中的加权聚合,agg 的形状为(样本数量,序列最大长度,向量维数)
        att_out = self.linear_attention(agg)
          #注意力机制输出线性变换,att_out 的形状为(样本数量,序列最大长度,向量维数)
        return att_out
...
class TransformerLayer(torch.nn.Module):
  def __init__(self, fill:bool=True, second_att:bool=False):
    super(TransformerLayer, self).__init__()
    self.att1 = Attention(fill=fill)
      #图 4-22 下方的注意力机制
      #若 fill =True,则为右侧下方的注意力机制;若 fill =False,则为左侧下方的注意
      #力机制
    self.att2 = Attention(fill=False) if second_att else None
      #图 4-22 右侧上方的注意力机制(若 second_att=True)
    self.ffn = FFN()                      #前馈网络
    self.layernorm = torch.nn.LayerNorm(normalized_shape=d_main,
elementwise_affine=False)                 #层标准化
    self.dropout = torch.nn.Dropout(p=p_dropout)   #dropout
  def forward(self, x, x_lengths, x2, x2_lengths):
    #图 4-22 下方的注意力机制
    x_ln = self.layernorm(x)
      #注意力机制输入层标准化,x_ln 的形状为(样本数量,序列最大长度,向量维数)
    att1_out = self.att1(x_ln, x_lengths, x_ln, x_lengths)
      #注意力机制,att1_out 的形状为(样本数量,序列最大长度,向量维数)
    att1_out_do = self.dropout(att1_out)      #注意力机制输出 dropout
    #图 4-22 下方注意力机制的残差连接
    att2_in = att1_out_do + x   #att2_in 的形状为(样本数量,序列最大长度,向量维数)
    #图 4-22 右侧上方的注意力机制
    if self.att2 is not None:
        x_q_ln = self.layernorm(att2_in)
          #注意力机制 Q 路输入层标准化
          #x_q_ln 的形状为(样本数量,序列最大长度,向量维数)
        x_kv_ln = self.layernorm(x2)
          #注意力机制 K/V 路输入层标准化
          #x_kv_ln 的形状为(样本数量,K/V 路序列最大长度,向量维数)
        att2_out = self.att2(x_q_ln, x_lengths, x_kv_ln, x2_lengths)
          #注意力机制,att2_out 的形状为(样本数量,序列最大长度,向量维数)
        att2_out_do = self.dropout(att2_out) #注意力机制输出 dropout
```

```
        ffn_in = att2_out_do + att2_in        #图 4-22 右侧上方注意力机制的残差连接
    else:
        ffn_in = att2_in
...
#Transformer
class Transformer(torch.nn.Module):
  def __init__(self):
    super(Transformer, self).__init__()
    self.enc_layers = torch.nn.ModuleList([TransformerLayer(fill=False,
second_att=False) for _ in range(num_layers)])        #编码器层列表
    self.dec_layers = torch.nn.ModuleList([TransformerLayer(fill=True,
second_att=True) for _ in range(num_layers)])        #解码器层列表
    self.enc_emb_input = torch.nn.Embedding(num_embeddings=vocab_size,
embedding_dim=d_main)                      #条件序列项的嵌入
    self.dec_emb_input = torch.nn.Embedding(num_embeddings=vocab_size,
embedding_dim=d_main)                      #输入序列项的嵌入
    self.enc_emb_position = torch.nn.Embedding(num_embeddings=l_enc,
embedding_dim=d_main)                      #编码器中位置的嵌入
    self.dec_emb_position = torch.nn.Embedding(num_embeddings=l_dec,
embedding_dim=d_main)                      #解码器中位置的嵌入
    self.linear_softmax = torch.nn.Linear(in_features=d_main, out_features
=vocab_size)                         #输出层的仿射映射
    self.layernorm = torch.nn.LayerNorm(normalized_shape=d_main,
elementwise_affine=False)                    #层标准化
    self.dropout = torch.nn.Dropout(p=p_dropout) #dropout
  def forward(self, enc_x, enc_x_lengths, dec_x, dec_x_lengths):
    _, enc_length = enc_x.shape                #输入数组 enc_x 各维的大小
    examples, dec_length = dec_x.shape            #输入数组 dec_x 各维的大小
    #编码器中的序列项嵌入
    enc_x_emb = self.enc_emb_input(enc_x)
      #条件序列项的嵌入,enc_x_emb 的形状为(样本数量,条件序列最大长度,向量维数)
    enc_pos_emb = self.enc_emb_position(torch.arange(enc_length, device=
device).unsqueeze(dim=0))
      #编码器中位置的嵌入,enc_pos_emb 的形状为(1,条件序列最大长度,向量维数)
    enc_x_pos_emb = enc_x_emb + enc_pos_emb
      #序列项向量与位置向量的和向量,enc_x_pos_emb 的形状为(样本数量,条件序列最
      #大长度,向量维数)
    enc_x_layers = self.dropout(enc_x_pos_emb)       #序列嵌入输出 dropout
    #编码器中的层
    for enc_layer in self.enc_layers:
        enc_x_layers = enc_layer(enc_x_layers, enc_x_lengths, None, None)
    #解码器中的序列嵌入
```

```
    dec_x_emb = self.dec_emb_input(dec_x)
      #输入序列项的嵌入,dec_x_emb 的形状为(样本数量,序列最大长度,向量维数)
    dec_pos_emb = self.dec_emb_position(torch.arange(dec_length, device=
device).unsqueeze(dim=0))
      #解码器中位置的嵌入,dec_pos_emb 的形状为(1,序列最大长度,向量维数)
    dec_x_pos_emb = dec_x_emb + dec_pos_emb
      #序列项向量与位置向量的和向量
      #dec_x_pos_emb 的形状为(样本数量,序列最大长度,向量维数)
    dec_x_layers = self.dropout(dec_x_pos_emb)              #序列嵌入输出 dropout
    #解码器中的层
    for dec_layer in self.dec_layers:
        dec_x_layers = dec_layer(dec_x_layers, dec_x_lengths, enc_x_layers,
enc_x_lengths)
      #输出层的仿射映射
    out_ln = self.layernorm(dec_x_layers)
      #输出层输入层标准化,out_ln 的形状为(样本数量,序列最大长度,向量维数)
    z = self.linear_softmax(out_ln)
      #输出层的仿射映射,z 的形状为(样本数量,序列最大长度,词汇表大小)
    return z
...
#创建用来计算多分类任务中交叉熵代价的对象
loss_function = torch.nn.CrossEntropyLoss(ignore_index=0, reduction='sum')
...
      #为当前小批准备样本组的输入序列、标注序列及条件序列
    enc_x_train_batch = torch.stack([en_sequence[index_batch[batch, i], :]
for i in range(batch_size)])
      #条件序列,enc_x_train_batch 的形状为(批长,条件序列最大长度)
    enc_x_len_train_batch = torch.stack([en_sequence_len[index_batch[batch,
i]] for i in range(batch_size)])
      #条件序列的长度,enc_x_len_train_batch 的形状为(批长)
    dec_x_train_batch = torch.stack([ch_sequence_x[index_batch[batch, i], :]
for i in range(batch_size)])
      #样本组的输入序列,dec_x_train_batch 的形状为(批长,序列最大长度)
    dec_x_len_train_batch = torch.stack([ch_sequence_len[index_batch[batch,
i]] for i in range(batch_size)])
      #样本组输入序列的长度,dec_x_len_train_batch 的形状为(批长)
    y_train_batch = torch.stack([ch_sequence_y[index_batch[batch, i], :] for
i in range(batch_size)])
      #样本组的标注序列,y_train_batch 的形状为(批长,序列最大长度)
    #正向传播
    z = model(enc_x_train_batch, enc_x_len_train_batch, dec_x_train_batch,
dec_x_len_train_batch)                                    #进行正向传播
```

```
    cost = loss_function(z.transpose(-1, -2), y_train_batch)  #计算代价
    cost_saved.append(cost.item() / torch.sum(dec_x_len_train_batch).item())
        #保存代价
...
```

完整的实验参考程序可扫描二维码下载。

【实验 5-6】　使用实验 5-5 中的模型以及 2.3 节中的 top-p 方法完成语言翻译数据集上的机器翻译任务。

【实验 5-6 参考程序】

实验 5-6 的程序

```
...
example_start = num_train_examplegroups        #测试中第一个样本的索引
example_end = example_start + 5                 #测试中最后一个样本的索引+1
sos = 1                                         #序列开始符号标识的值
eos = 2                                         #序列结束符号标识的值
#创建 SentencePiece 处理器对象
sp_ch = spm.SentencePieceProcessor(model_file='ch.model')      #用于中文文本
sp_en = spm.SentencePieceProcessor(model_file='en.model')      #用于英文文本
...
#每个样本的循环
for example in range(example_start, example_end):
    #英文文本符号标识序列(条件序列)
    enc_x = en_sequence[example, :en_sequence_len[example]]
    print('[To be translated]', sp_en.decode(enc_x.tolist()))
    #初始化序列
    dec_x = torch.tensor([sos], device=device)
        #序列中仅有一项,该项为序列开始符号标识
    #生成序列
    while dec_x[-1] != eos and dec_x.shape[0] <= l_dec:
        #当生成的序列下一项不是序列结束符号标识,且序列的当前长度未超过最大长度时
        #正向传播
        with torch.inference_mode():                #仅预测模式
        z = model(enc_x.unsqueeze(dim=0), None, dec_x.unsqueeze(dim=0), None)
            #进行正向传播
...
```

完整的实验参考程序可扫描二维码下载。

【实验 5-7】　使用编码器型 Transformer 完成语音命令数据集上的语音分类任务。

【实验 5-7 参考程序】

实验 5-7 的程序

```
...
#数据集中的设置
```

```
max_length_waveform = 16000                     #语音信号实数序列的最大长度(采样点的数量)
frame_size = 400                                        #每帧中采样点的数量
frame_stride = 160                                      #以采样点为单位的帧移
max_num_frames = max_length_waveform //frame_stride + 1 #最大帧数
points_per_frame = frame_size //2 + 1                   #单边幅度谱向量的维数
#实验中的设置
learning_rate = 0.0001                                  #学习率
num_classes = 35                                        #数据集中类别的数量
l = max_num_frames                                      #序列的最大长度
...
#读取数据集
x_train, x_len_train, y_train = torch.load('sc_trainset.pt')   #读取训练数据集
x_test, x_len_test, y_test = torch.load('sc_testset.pt')#读取测试数据集
x_train = x_train.to(device=device)
    #训练样本的输入序列,迁移至指定设备
    #x_train 的形状为(样本数量,序列最大长度,单边幅度谱向量维数)
x_len_train = x_len_train.to(dtype=torch.int, device=device)
    #训练样本输入序列的长度,转换为整型并迁移至指定设备,x_len_train 的形状为(样本数量)
y_train = y_train.to(dtype=torch.long, device=device)
    #训练样本的标注,转换为长整型并迁移至指定设备,y_train 的形状为(样本数量)
x_test = x_test.to(device=device)
    #测试样本的输入序列,迁移至指定设备
    #x_test 的形状为(样本数量,序列最大长度,单边幅度谱向量维数)
x_len_test = x_len_test.to(dtype=torch.int, device=device)
    #测试样本输入序列的长度,转换为整型并迁移至指定设备,x_len_test 的形状为(样本数量)
y_test = y_test.to(dtype=torch.long, device=device)
    #测试样本的标注,转换为长整型并迁移至指定设备,y_test 的形状为(样本数量)
...
#Transformer
class Transformer(torch.nn.Module):
  def __init__(self, fill:bool=True):
    super(Transformer, self).__init__()
    self.layers = torch.nn.ModuleList([TransformerLayer(fill=fill) for _ in
range(num_layers)])                                 #层列表
    self.linear_input = torch.nn.Linear(in_features=points_per_frame, out_
features=d_main)                             #输入序列中向量的仿射映射
  ...
  def forward(self, x, x_lengths):
    examples, length, _ = x.shape                   #输入数组各维的大小
    #序列嵌入
    x_lin = self.linear_input(x)
      #序列项的仿射映射,x_lin 的形状为(样本数量,序列最大长度,向量维数)
```

```
      pos_emb = self.emb_position(torch.arange(length, device=device).
unsqueeze(dim=0))          #位置的嵌入,pos_emb 的形状为(1,序列最大长度,向量维数)
    x_pos_emb = x_lin + pos_emb
        #序列项向量与位置向量的和向量,x_pos_emb 的形状为(样本数量,序列最大长度,向量维数)
...
```

完整的实验参考程序可扫描二维码下载。

【实验 5-8】 使用编解码器型 Transformer 完成 LJ 语音数据集上的语音转文本任务。

【实验 5-8 参考程序】

实验 5-8
的程序

```
...
#数据集中的设置
max_num_frames = 512                              #最大帧数
max_length_tokenid = 72                           #符号标识序列的最大长度
frame_size = 550                                  #每帧中采样点的数量
frame_stride = 220                                #以采样点为单位的帧移
points_per_frame = frame_size //2 + 1             #单边幅度谱向量的维数
#实验中的设置
num_epochs = 300                                  #epoch 的数量
learning_rate = 0.0001                            #学习率
vocab_size = 100                                  #词汇表的大小
l_enc = max_num_frames                            #条件序列的最大长度
l_dec = max_length_tokenid                        #序列的最大长度
...
#读取数据集
spect_train, spect_len_train, tokenid_train, tokenid_len_train = torch.load
('lj_trainset.pt')                                #读取训练数据集
spect_test, spect_len_test, tokenid_test, tokenid_len_test = torch.load('lj_
testset.pt')                                      #读取测试数据集
spect_train = spect_train.to(device=device)
  #训练数据集单边幅度谱向量序列,迁移至指定设备
  #spect_train 的形状为(样本数量,条件序列最大长度,单边幅度谱向量维数)
spect_len_train = spect_len_train.to(dtype=torch.int, device=device)
  #训练数据集单边幅度谱向量序列的长度,转换为整型并迁移至指定设备
  #spect_len_train 的形状为(样本数量)
tokenid_train = tokenid_train.to(dtype=torch.long, device=device)
  #训练数据集符号标识序列,转换为长整型并迁移至指定设备
  #tokenid_train 的形状为(样本数量,序列最大长度+1)
tokenid_len_train = tokenid_len_train.to(dtype=torch.int, device=device)
  #训练数据集符号标识序列的长度,转换为整型并迁移至指定设备
  #tokenid_len_train 的形状为(样本数量)
```

```
spect_test = spect_test.to(device=device)
    #测试据集单边幅度谱向量序列,迁移至指定设备
    #spect_test 的形状为(样本数量,条件序列最大长度,单边幅度谱向量维数)
spect_len_test = spect_len_test.to(dtype=torch.int, device=device)
    #测试数据集单边幅度谱向量序列的长度,转换为整型并迁移至指定设备
    #spect_len_test 的形状为(样本数量)
tokenid_test = tokenid_test.to(dtype=torch.long, device=device)
    #测试数据集符号标识序列,转换为长整型并迁移至指定设备
    #tokenid_test 的形状为(样本数量,序列最大长度+1)
tokenid_len_test = tokenid_len_test.to(dtype=torch.int, device=device)
    #测试数据集符号标识序列的长度,转换为整型并迁移至指定设备
    #tokenid_len_test 的形状为(样本数量)
    ...
self.enc_linear_input = torch.nn.Linear(in_features=points_per_frame, out_
features=d_main)                            #单边幅度谱向量序列中向量的仿射映射
    ...
    def forward(self, enc_x, enc_x_lengths, dec_x, dec_x_lengths):
        _, enc_length, _ = enc_x.shape        #输入数组 enc_x 各维的大小
        examples, dec_length = dec_x.shape     #输入数组 dec_x 各维的大小
        #编码器中的序列嵌入
        enc_x_lin = self.enc_linear_input(enc_x)
            #序列项的仿射映射,enc_x_lin 的形状为(样本数量,条件序列最大长度,向量维数)
        enc_pos_emb = self.enc_emb_position(torch.arange(enc_length, device=
device).unsqueeze(dim=0))
            #编码器中位置的嵌入,enc_pos_emb 的形状为(1,条件序列最大长度,向量维数)
        enc_x_pos_emb = enc_x_lin + enc_pos_emb
            #序列项向量与位置向量的和向量
            #enc_x_pos_emb 的形状为(样本数量,条件序列最大长度,向量维数)
...
#创建用来计算多分类任务中交叉熵代价的对象
loss_function = torch.nn.CrossEntropyLoss(ignore_index=0, reduction='sum')
    ...
    #为当前小批准备样本组的输入序列、标注序列及条件序列
    enc_x_train_batch = torch.stack([spect_train[index_batch[batch, i], :,
:] for i in range(batch_size)])
        #条件序列,enc_x_train_batch 的形状为(批长,条件序列最大长度,单边幅度谱向量维数)
    enc_x_len_train_batch = torch.stack([spect_len_train[index_batch[batch,
i]] for i in range(batch_size)])
        #条件序列的长度,enc_x_len_train_batch 的形状为(批长)
    dec_x_train_batch = torch.stack([tokenid_train[index_batch[batch, i], :
-1] for i in range(batch_size)])
        #样本组的输入序列,dec_x_train_batch 的形状为(批长,序列最大长度)
```

```
        dec_x_len_train_batch = torch.stack([tokenid_len_train[index_batch
[batch, i]] - 1 for i in range(batch_size)])
        #样本组输入序列的长度,dec_x_len_train_batch 的形状为(批长)
        y_train_batch = torch.stack([tokenid_train[index_batch[batch, i], 1:]
for i in range(batch_size)])
        #样本组的标注序列,y_train_batch 的形状为(批长,序列最大长度)
    #正向传播
    z = model(enc_x_train_batch, enc_x_len_train_batch, dec_x_train_batch,
dec_x_len_train_batch)                                    #进行正向传播
    cost = loss_function(z.transpose(-1, -2), y_train_batch)    #计算代价
        cost_saved.append(cost.item() / torch.sum(dec_x_len_train_batch).
item())                                                   #保存代价
...
```

完整的实验参考程序可扫描二维码下载。

A.6　第 6 章实验

【实验 6-1】　使用卷积神经网络完成 CIFAR-10 数据集上的图像分类任务。
【实验 6-1 参考程序】

实验 6-1
的程序

```
...
import torchvision                              #导入 torchvision
...
conv_n = 8                                      #卷积层输出向量的维数
conv_kernel = 5                                 #卷积层中核的大小
conv_stride = 3                                 #卷积层中的跨度
d_flat = (((((32 - conv_kernel) //conv_stride) + 1) //2) ** 2) * conv_n
                                                #输出层仿射映射输入向量的维数
...
#读取数据集
trainset = torchvision.datasets.CIFAR10(root='./', train=True, download=
True, transform=torchvision.transforms.ToTensor())    #读取训练数据集
testset = torchvision.datasets.CIFAR10(root='./', train=False, download=
True, transform=torchvision.transforms.ToTensor())    #读取测试数据集
num_train_batches = len(trainset) //batch_size        #训练样本的小批数
num_train_examples = num_train_batches * batch_size   #训练样本的数量
num_test_batches = len(testset) //batch_size          #测试样本的小批数
num_test_examples = num_test_batches * batch_size     #测试样本的数量
#定义卷积神经网络
class cnn(torch.nn.Module):
```

```
    def __init__(self):
      super(cnn, self).__init__()
      self.conv = torch.nn.Conv2d(in_channels=3, out_channels=conv_n, kernel_
size=conv_kernel, stride=conv_stride)              #卷积层的仿射映射
      self.pool = torch.nn.MaxPool2d(kernel_size=2)       #最大聚合层
      self.linear = torch.nn.Linear(in_features=d_flat, out_features=num_
classes)                                           #输出层的仿射映射
    def forward(self, x):
      a_1 = torch.nn.functional.relu(self.conv(x))
       #卷积层,a_1 的形状为(样本数量,卷积层输出向量维数,卷积层输出高度,卷积层输出宽度)
      a_2 = self.pool(a_1)
       #最大聚合层,a_2 的形状为 (样本数量,卷积层输出向量维数,聚合层输出高度,聚合
       #层输出宽度)
      a_2_flat = torch.flatten(a_2, start_dim=1)
       #合并 a_2 数组的第二维至最后一维
       #a_2_flat 的形状为(样本数量,卷积层输出向量维数×聚合层输出高度×聚合层输出宽度)
      z = self.linear(a_2_flat)     #输出层的仿射映射,z 的形状为 (样本数量,类别数量)
      return z
...
#创建卷积神经网络模型,迁移至指定设备
model = cnn().to(device=device)
...
x_batch = torch.zeros((batch_size, 3, 32, 32), device=device)
  #用来保存小批中图像的数组
y_batch = torch.zeros(batch_size, dtype=torch.long, device=device)
  #用来保存小批中标注的数组
...
      #为当前小批准备图像及标注
      for example in range(batch_size):
        image, label = trainset[index_batch[batch, example]]
                                                   #读取一个训练样本
        x_batch[example, :, :, :] = image
                                 #保存图像,x_batch 的形状为(批长,3,32,32)
        y_batch[example] = label          #保存标注,y_batch 的形状为(批长)
                                                   #正向传播
      z = model(x_batch)                 #进行正向传播
      cost = loss_function(z, y_batch)          #计算代价
...
```

完整的实验参考程序可扫描二维码下载。

【实验 6-2】 使用编码器型 Transformer 完成 CIFAR-10 数据集上的图像分类任务。

【实验 6-2 参考程序】

实验 6-2 的程序

```
...
l = ((((32 - conv_kernel) //conv_stride) + 1) //2) ** 2        #序列的最大长度
d_main = conv_n                                                #模型中向量的维数
...
#Transformer
class Transformer(torch.nn.Module):
  def __init__(self, fill:bool=True):
    super(Transformer, self).__init__()
    self.layers = torch.nn.ModuleList([TransformerLayer(fill=fill) for _ in
range(num_layers)])                                            #层列表
    self.conv = torch.nn.Conv2d(in_channels=3, out_channels=conv_n, kernel_
size=conv_kernel, stride=conv_stride)                          #卷积层的仿射映射
    self.pool = torch.nn.MaxPool2d(kernel_size=2)              #最大聚合层
    self.emb_position = torch.nn.Embedding(num_embeddings=l, embedding_dim
=d_main)                                                       #位置的嵌入
    self.linear_softmax = torch.nn.Linear(in_features=d_main, out_features
=num_classes)                                                  #输出层的仿射映射
    self.layernorm = torch.nn.LayerNorm(normalized_shape=d_main,
elementwise_affine=False)                                      #层标准化
    self.dropout = torch.nn.Dropout(p=p_dropout)               #dropout
  def forward(self, x, x_lengths):
    examples, ch, h, w = x.shape                               #输入数组各维的大小
    #序列嵌入
    x = torch.nn.functional.relu(self.conv(x))
    #卷积层,输出数组 x 的形状为(样本数量,卷积层输出向量维数,卷积层输出高度,卷积
    #层输出宽度)
    x = self.pool(x)
    #最大聚合层,输出数组 x 的形状为(样本数量,卷积层输出向量维数,聚合层输出高度,
    #聚合层输出宽度)
    x = x.flatten(start_dim=2).transpose(-1, -2)
    #合并输入数组 x 的第三维至最后一维
    #输出数组 x 的形状为(样本数量,聚合层输出高度×聚合层输出宽度,卷积层输出向量维数)
    length = x.shape[1]                           #序列最大长度(聚合层输出高度×聚合层输出宽度)
    pos_emb = self.emb_position(torch.arange(length, device=device).
unsqueeze(dim=0))             #位置嵌入,pos_emb 的形状为(1,序列最大长度,向量维数)
    x_pos_emb = x + pos_emb
    #序列项向量与位置向量的和向量,x_pos_emb 的形状为(样本数量,序列最大长度,向量维数)
    ...
    #正向传播
    z = model(x_batch, None)                                   #进行正向传播
    cost = loss_function(z[:, -1, :], y_batch)                 #计算代价
...
```

完整的实验参考程序可扫描二维码下载。

【实验 6-3】 使用编解码器型 Transformer 完成 CocoCaptions 数据集上的图像说明任务。

【实验 6-3 参考程序】

实验 6-3
的程序

```
...
vocab_size = 1000                                      #词汇表的大小
l_dec = 87                                             #序列的最大长度
d_main = 256                                           #模型中向量的维数
num_train_batches = 500                                #训练样本的小批数
...
#读取数据集
resnet_outputs = torch.load('resnet_outputs.pt')       #读取 ResNet 输出向量
caption_tokenid, caption_len = torch.load('caption_tokenids.pt')
                                                       #读取符号标识序列
resnet_outputs = resnet_outputs.to(device=device)
  #ResNet 输出向量,迁移至指定设备,resnet_outputs 的形状为(样本数量,1000)
caption_tokenid = caption_tokenid.to(dtype=torch.long, device=device)
  #符号标识序列,转换为长整型并迁移至指定设备
  #caption_tokenid 的形状为(样本数量,序列最大长度+1)
caption_len = caption_len.to(dtype=torch.int, device=device)
  #符号标识序列的长度,转换为整型并迁移至指定设备,caption_len 的形状为(样本数量)
...
#Transformer
class Transformer(torch.nn.Module):
  def __init__(self):
    super(Transformer, self).__init__()
    self.dec_layers = torch.nn.ModuleList([TransformerLayer(fill = True,
second_att=True) for _ in range(num_layers)])          #解码器层列表
    self.enc_linear_output = torch.nn.Linear(in_features=1000, out_features
=d_main)                                               #编码器输出向量的仿射映射
    self.dec_emb_input = torch.nn.Embedding(num_embeddings = vocab_size,
embedding_dim=d_main)                                  #输入序列项的嵌入
    self.dec_emb_position = torch.nn.Embedding(num_embeddings = l_dec,
embedding_dim=d_main)                                  #解码器中位置的嵌入
    self.linear_softmax = torch.nn.Linear(in_features=d_main, out_features
=vocab_size)                                           #输出层的仿射映射
    self.layernorm = torch.nn.LayerNorm(normalized_shape = d_main,
elementwise_affine=False)                              #层标准化
    self.dropout = torch.nn.Dropout(p=p_dropout)       #dropout
  def forward(self, enc_x, enc_x_lengths, dec_x, dec_x_lengths):
    examples, dec_length = dec_x.shape                 #输入数组 dec_x 各维的大小
```

```
    #编码器
    enc_x_linear = self.enc_linear_output(enc_x).unsqueeze(dim=1)
        #编码器输出向量的仿射映射,enc_x_linear 的形状为(样本数量,1,向量维数)
    enc_x_layers = self.dropout(enc_x_linear)            #编码器输出 dropout
...
#创建用来计算多分类任务中交叉熵代价的对象
loss_function = torch.nn.CrossEntropyLoss(ignore_index=0, reduction='sum')
    ...
    #为当前小批准备样本组的输入序列和标注序列,以及编码器的输入向量
    enc_x_batch = torch.stack([resnet_outputs[index_batch[batch, i], :] for i
in range(batch_size)])          #编码器的输入向量,enc_x_batch 的形状为(批长,1000)
    dec_x_batch = torch.stack([caption_tokenid[index_batch[batch, i], :-1]
for i in range(batch_size)])
        #样本组的输入序列,dec_x_batch 的形状为(批长,序列最大长度)
    dec_x_len_batch = torch.stack([caption_len[index_batch[batch, i]] - 1 for
i in range(batch_size)])
        #样本组输入序列的长度,dec_x_len_batch 的形状为(批长)
    y_batch = torch.stack([caption_tokenid[index_batch[batch, i], 1:] for i
in range(batch_size)])
        #样本组的标注序列,y_batch 的形状为(批长,序列最大长度)
    #正向传播
    z = model(enc_x_batch, None, dec_x_batch, dec_x_len_batch)  #进行正向传播
        cost = loss_function(z.transpose(-1, -2), y_batch)       #计算代价
    cost_saved.append(cost.item() / torch.sum(dec_x_len_batch).item())
                                                               #保存代价
...
```

完整的实验参考程序可扫描二维码下载。

【实验 6-4】　使用编码器型 Transformer 完成 UCF101 数据集上的视频分类任务。

【实验 6-4 参考程序】

实验 6-4
的程序

```
...
num_classes = 101                                  #数据集中类别的数量
l = 64                                             #序列的最大长度
...
#读取数据集
x_train, y_train = torch.load('ucf101_resnet_trainset.pt')  #读取训练数据集
x_test, y_test = torch.load('ucf101_resnet_testset.pt')     #读取测试数据集
x_train = x_train.to(device=device)
  #训练样本的输入序列,迁移至指定设备,x_train 的形状为(样本数量,序列最大长度,1000)
```

```
y_train = y_train.to(dtype=torch.long, device=device)
    #训练样本的标注,转换为长整型并迁移至指定设备,y_train 的形状为(样本数量)
x_test = x_test.to(device=device)
    #测试样本的输入序列,迁移至指定设备,x_test 的形状为(样本数量,序列最大长度,1000)
y_test = y_test.to(dtype=torch.long, device=device)
    #测试样本的标注,转换为长整型并迁移至指定设备,y_test 的形状为(样本数量)
...
#Transformer
class Transformer(torch.nn.Module):
    def __init__(self, fill:bool=True):
        super(Transformer, self).__init__()
        self.layers = torch.nn.ModuleList([TransformerLayer(fill=fill) for _ in
range(num_layers)])                                    #层列表
        self.linear_input = torch.nn.Linear(in_features=1000, out_features=d_
main)                                                  #输入序列中向量的仿射映射
...
    def forward(self, x, x_lengths):
        examples, length, _ = x.shape                  #输入数组各维的大小
        #序列嵌入
        x_lin = self.linear_input(x)
            #序列项的仿射映射,x_lin 的形状为(样本数量,序列最大长度,向量维数)
        pos_emb = self.emb_position(torch.arange(length, device=device).
unsqueeze(dim=0))              #位置嵌入,pos_emb 的形状为(1,序列最大长度,向量维数)
        x_pos_emb = x_lin + pos_emb
            #序列项向量与位置向量的和向量,x_pos_emb 的形状为(样本数量,序列最大长度,向量维数)
        ...
        #为当前小批准备样本的输入序列和标注
        x_train_batch = torch.stack([x_train[index_batch[batch, i], :, :] for i in
range(batch_size)])
            #样本的输入序列,x_train_batch 的形状为(批长,序列最大长度,1000)
        y_train_batch = torch.stack([y_train[index_batch[batch, i]] for i in
range(batch_size)])
            #样本的标注,y_train_batch 的形状为(批长)
        #正向传播
        z = model(x_train_batch, None)                 #进行正向传播
        cost = loss_function(z[:, -1, :], y_train_batch)    #计算代价
...
```

完整的实验参考程序可扫描二维码下载。

【实验 6-5】 使用解码器型 Transformer 完成 Moving MNIST 数据集上的视频预测任务。

【实验 6-5 参考程序】

```
...
l = 19                                              #序列的最大长度
d_flat = 64 * 64                                    #序列中向量的维数
...
#读取数据集
video_frames_trainset = torch.load('mm_trainset.pt').to(device=device)
    #读取训练数据集,迁移至指定设备
    #video_frames_trainset 的形状为(样本数量,序列最大长度+1,4096)
video_frames_testset = torch.load('mm_testset.pt').to(device=device)
    #读取测试数据集,迁移至指定设备
    #video_frames_testset 的形状为(样本数量,序列最大长度+1,4096)
...
#Transformer
class Transformer(torch.nn.Module):
  def __init__(self):
    super(Transformer, self).__init__()
    self.layers = torch.nn.ModuleList([TransformerLayer() for _ in range(num
_layers)])                                          #层列表
    self.linear_input = torch.nn.Linear(in_features=d_flat, out_features=d_
main)                                               #输入序列中向量的仿射映射
    self.emb_position = torch.nn.Embedding(num_embeddings=l, embedding_dim
=d_main)                                            #位置的嵌入
    self.linear_output = torch.nn.Linear(in_features=d_main, out_features=d
_flat)                                              #输出层的仿射映射
    self.layernorm = torch.nn.LayerNorm(normalized_shape=d_main,
elementwise_affine=False)                           #层标准化
    self.dropout = torch.nn.Dropout(p=p_dropout) #dropout
  def forward(self, x):
    examples, length, dim = x.shape                 #输入数组各维的大小
    #序列项的嵌入
    x_lin = self.linear_input(x)
      #序列项的仿射映射,x_lin 的形状为(样本数量,序列最大长度,向量维数)
    pos_emb = self.emb_position(torch.arange(length, device=device).
unsqueeze(dim=0))              #位置嵌入,pos_emb 的形状为(1,序列最大长度,向量维数)
    x_pos_emb = x_lin + pos_emb
      #序列项向量与位置向量的和向量,x_pos_emb 的形状为(样本数量,序列最大长度,向量维数)
    x_layers = self.dropout(x_pos_emb)              #序列嵌入输出 dropout
    #Transformer 中的层
    for layer in self.layers:
        x_layers = layer(x_layers)
```

```
    #输出层
    out_ln = self.layernorm(x_layers)
        #输出层输入层标准化, out_ln 的形状为 (样本数量, 序列最大长度, 向量维数)
    z = self.linear_output(out_ln)
        #输出层的仿射映射, z 的形状为 (样本数量, 序列最大长度, 4096)
    z_sigmoid = torch.nn.functional.sigmoid(z)      #sigmoid 函数
    return z
...
#创建用来计算回归任务中均方误差代价的对象
loss_function = torch.nn.MSELoss()
...
    #为当前小批准备样本组的输入序列和标注序列
    x_train = torch.stack([video_frames_trainset[index_batch[batch, i], :l,
:] for i in range(batch_size)])
        #样本的输入序列, x_train 的形状为 (批长, 序列最大长度, 4096)
    y_train = torch.stack([video_frames_trainset[index_batch[batch, i], 1:,
:] for i in range(batch_size)])
        #样本的标注序列, y_train 的形状为 (批长, 序列最大长度, 4096)
    #正向传播
    z = model(x_train)                              #进行正向传播
    cost = loss_function(z, y_train)                #计算代价
...
```

完整的实验参考程序可扫描二维码下载。

A.7 第 7 章实验

【实验 7-1】 使用编码器型 Transformer 完成 RealWorld 数据集上的身体活动识别任务。

【实验 7-1 参考程序】

```
...
num_classes = 4                                 #数据集中类别的数量
num_train_batches = 40                          #训练样本的小批数
l = 320                                         #序列的最大长度
d_sensor = 33                                   #序列中向量的维数
...
#读取数据集
sensor_data, label = torch.load('sensor_data.pt') #读取数据集文件
sensor_data = sensor_data.to(device=device)
    #样本的输入序列, 迁移至指定设备, sensor_data 的形状为 (样本数量, 序列最大长度, 33)
```

实验 7-1
的程序

```
label = label.to(dtype=torch.long, device=device)
  #样本的标注,迁移至指定设备,label 的形状为(样本数量)
...
#Transformer
class Transformer(torch.nn.Module):
  def __init__(self, fill:bool=True):
    super(Transformer, self).__init__()
    self.layers = torch.nn.ModuleList([TransformerLayer(fill=fill) for _ in
range(num_layers)])                                    #层列表
    self.linear_input = torch.nn.Linear(in_features=d_sensor, out_features=
d_main)                                    #输入序列中向量的仿射映射
  ...
  def forward(self, x, x_lengths):
    examples, length, dim = x.shape          #输入数组各维的大小
    #序列嵌入
    x_lin = self.linear_input(x)
      #序列项的仿射映射,x_lin 的形状为(样本数量,序列最大长度,向量维数)
...
    #为当前小批准备样本的输入序列和标注
    x_batch = torch.stack([sensor_data[index_batch[batch, i], :, :] for i in
range(batch_size)])        #样本的输入序列,x_batch 的形状为(批长,序列最大长度,33)
    y_batch = torch.stack([label[index_batch[batch, i]] for i in range(batch_
size)])                              #样本的标注,y_batch 的形状为(批长)
    #正向传播
    z = model(x_batch, None)                  #进行正向传播
    cost = loss_function(z[:, -1, :], y_batch)      #计算代价
...
```

完整的实验参考程序可扫描二维码下载。

【实验 7-2】　使用解码器型 Transformer 完成旅行数据集上的序列预测任务(预测用户前往的下一个城市)。

【实验 7-2 参考程序】

```
...
vocab_size = 500                              #词汇表的大小
l = 16                                        #序列的最大长度
...
#读取数据集
train_sequence, train_sequence_len = torch.load('trips_trainset.pt')
  #读取训练数据集
test_sequence, test_sequence_len = torch.load('trips_testset.pt')
```

实验 7-2
的程序

```
    #读取测试数据集
train_sequence = train_sequence.to(dtype=torch.long, device=device)
    #训练数据集中的序列,转换为长整型并迁移至指定设备
    #train_sequence 的形状为(样本数量,序列最大长度+1)
train_sequence_len = train_sequence_len.to(dtype=torch.int, device=device)
    #训练数据集中序列的长度,转换为整型并迁移至指定设备
    #train_sequence_len 的形状为(样本数量)
test_sequence = test_sequence.to(dtype=torch.long, device=device)
    #测试数据集中的序列,转换为长整型并迁移至指定设备
    #test_sequence 的形状为(样本数量,序列最大长度+1)
test_sequence_len = test_sequence_len.to(dtype=torch.int, device=device)
    #测试数据集中序列的长度,转换为整型并迁移至指定设备
    #test_sequence_len 的形状为(样本数量)
...
#注意力机制
class Attention(torch.nn.Module):
    def __init__(self):
        super(Attention, self).__init__()
        self.scaling_coeff = 1.0 / torch.sqrt(torch.tensor(d_main, device=
device))                                        #注意力机制中的缩放系数
        self.lower_tri = torch.tril(torch.ones(l, l, device=device))
                                                       #下三角矩阵
        self.linear_k = torch.nn.Linear(in_features=d_main, out_features=d_
main, bias=False)                              #K 路输入的线性变换
        self.linear_q = torch.nn.Linear(in_features=d_main, out_features=d_
main, bias=False)                              #Q 路输入的线性变换
        self.linear_v = torch.nn.Linear(in_features=d_main, out_features=d_
main, bias=False)                              #V 路输入的线性变换
        self.linear_attention = torch.nn.Linear(in_features=d_main, out_
features=d_main, bias=False)                   #注意力机制输出的线性变换
    def forward(self, x, x_lengths):
        examples, length, dim = x.shape          #输入数组各维的大小
        k = self.linear_k(x)
            #K 路输入线性变换,k 的形状为(样本数量,序列最大长度,向量维数)
        q = self.linear_q(x)
            #Q 路输入线性变换,q 的形状为(样本数量,序列最大长度,向量维数)
        v = self.linear_v(x)
            #V 路输入线性变换,v 的形状为(样本数量,序列最大长度,向量维数)
        scaled_dotproduct = (q @ k.transpose(-1, -2)) * self.scaling_coeff
            #计算带有缩放系数的点积,scaled_dotproduct 的形状为(样本数量,序列最大长
            #度,序列最大长度)
        if x_lengths is not None:                     #若小批中样本组输入序列的长度不一致
```

```
        numbers = torch.arange(length, device=device).unsqueeze(dim=0)
            #自然数列,其形状为(1,序列最大长度)
        seq_mask_vector = x_lengths.unsqueeze(dim=-1) > numbers
            #掩码向量,其形状为(样本数量,序列最大长度)
        seq_mask_matrix = seq_mask_vector.unsqueeze(dim=-1) * self.lower_
tri[:length, :length]
                #掩码矩阵,其形状为(样本数量,序列最大长度,序列最大长度)
                #并将该矩阵中与输入序列填充项对应的元素(图4-6中阴影格元素)清零
        masked_scaled_dotproduct = scaled_dotproduct.masked_fill(seq_mask_
matrix == 0, float('-inf'))
            #将scaled_dotproduct数组中与seq_mask_matrix数组中0值元素位置相同
            #的元素置为负无穷大
        weight = torch.nn.functional.softmax(masked_scaled_dotproduct, dim=-1)
            #计算序列聚合中的权重向量,weight的形状为(样本数量,序列最大
            #长度,序列最大长度)
        weight = weight.masked_fill(seq_mask_vector.unsqueeze(dim=-1) == 0, 0)
            #将weight数组中与"输入序列填充项"对应的权重向量清零
    else:                                        #若小批中所有样本组输入序列的长度都相等
        masked_scaled_dotproduct = scaled_dotproduct.masked_fill(self.lower
_tri[:length, :length] == 0, float('-inf'))
            #将scaled_dotproduct数组中与输入序列填充项对应的元素(图4-6中阴影
            #格元素)置为负无穷大
        weight = torch.nn.functional.softmax(masked_scaled_dotproduct, dim=-1)
            #计算序列聚合中的权重向量,weight的形状为(样本数量,序列最大长度,序列最
            #大长度)
    agg = weight @ v
        #注意力机制中的加权聚合,agg的形状为(样本数量,序列最大长度,向量维数)
    att_out = self.linear_attention(agg)
        #注意力机制输出线性变换,att_out的形状为(样本数量,序列最大长度,向量维数)
    return att_out
...

#Transformer中的层
...

  def forward(self, x, x_lengths):
    #注意力机制
    x_ln = self.layernorm(x)
        #注意力机制输入层标准化,x_ln的形状为(样本数量,序列最大长度,向量维数)
    att_out = self.att(x_ln, x_lengths)
        #注意力机制,att_out的形状为(样本数量,序列最大长度,向量维数)
...

#Transformer
...
```

```
def forward(self, x, x_lengths):
    examples, length = x.shape          #输入数组各维的大小
...

    #Transformer 中的层
    for layer in self.layers:
        x_layers = layer(x_layers, x_lengths)
...

    #为当前小批准备样本组的输入序列及标注序列
    x_train = torch.stack([train_sequence[index_batch[batch, i], :1] for i in
range(batch_size)])          #输入序列,x_train 的形状为(批长,序列最大长度)
    x_len_batch = torch.stack([train_sequence_len[index_batch[batch, i]] - 1
for i in range(batch_size)])          #输入序列的长度,x_len_batch 的形状为(批长)
    y_train = torch.stack([train_sequence[index_batch[batch, i], 1:] for i in
range(batch_size)])          #标注序列,y_train 的形状为(批长,序列最大长度)
    #正向传播
    z = model(x_train, x_len_batch)          #进行正向传播
    cost = loss_function(z.transpose(-1, -2), y_train)          #计算代价
...
```

完整的实验参考程序可扫描二维码下载。

【实验 7-3】 使用解码器型 Transformer 及蒙特卡洛策略梯度方法完成深度强化学习中的迷宫任务。

【实验 7-3 参考程序】

实验 7-3
的程序

```
...
#迷宫任务中的设置
mz_rows = np.shape(mz_maze)[0] - 2              #迷宫行数
mz_cols = np.shape(mz_maze)[1] - 2              #迷宫列数
mz_max_steps = 100                             #智能体的最大步数
mz_actions = ['up', 'down', 'left', 'right']   #行动的名称
mz_num_actions = len(mz_actions)               #行动的数量
mz_num_observed_vars = 4                        #观测向量中元素的数量
mz_reward_win = 1                               #走出迷宫的奖赏
mz_reward_not_win = 0                           #未走出迷宫的奖赏
...
#强化学习中的设置
gamma = 0.95                                    #折扣率
num_runs = 4000                                 #运行次数
#实验中的设置
learning_rate = 0.001                           #学习率
l = mz_max_steps * 2 + 1                        #序列的最大长度
```

```
...
#Transformer
class Transformer(torch.nn.Module):
  def __init__(self):
    super(Transformer, self).__init__()
    self.layers = torch.nn.ModuleList([TransformerLayer() for _ in range(num
_layers)])                                              #层列表
    self.emb_observed = torch.nn.Embedding(num_embeddings = 2**mz_num_
observed_vars, embedding_dim=d_main)                    #观测结果的嵌入
    self.emb_action = torch.nn.Embedding(num_embeddings=mz_num_actions,
embedding_dim=d_main)                                   #行动的嵌入
    self.emb_position = torch.nn.Embedding(num_embeddings=l, embedding_dim
=d_main)                                                #位置的嵌入
    self.linear_softmax = torch.nn.Linear(in_features=d_main, out_features
=mz_num_actions)                                        #输出层的仿射映射
    self.layernorm = torch.nn.LayerNorm(normalized_shape = d_main,
elementwise_affine=False)                               #层标准化
    self.dropout = torch.nn.Dropout(p=p_dropout)        #dropout
  def forward(self, x):
    examples, length = x.shape                          #输入数组各维的大小
    #序列项的嵌入
    x_emb = torch.zeros((examples, length, d_main), device=device)
      #用来保存嵌入向量的数组,x_emb 的形状为(批长,序列最大长度,向量维数)
    x_emb[:, ::2, :] = self.emb_observed(x[:, ::2])
      #观测结果嵌入,保存在 x_emb 数组第二维的奇数元素中
    x_emb[:, 1::2, :] = self.emb_action(x[:, 1::2])
      #行动嵌入,保存在 x_emb 数组第二维的偶数元素中
    pos_emb = self.emb_position(torch.arange(length, device = device).
unsqueeze(dim=0))
      #位置嵌入,pos_emb 的形状为(1,序列最大长度,向量维数)
    x_pos_emb = x_emb + pos_emb
      #序列项向量与位置向量的和向量,x_pos_emb 的形状为(样本数量,序列最大长度,向量维数)
    x_layers = self.dropout(x_pos_emb)                  #dropout
    #Transformer 中的层
    for layer in self.layers:
        x_layers = layer(x_layers)
    #输出层的仿射映射
    out_ln = self.layernorm(x_layers)
      #输出层输入层标准化,out_ln 的形状为(样本数量,序列最大长度,向量维数)
    z = self.linear_softmax(out_ln)
      #输出层的仿射映射,z 的形状为(样本数量,序列最大长度,行动数量)
    a = torch.nn.functional.softmax(z[:, ::2, :], dim=-1)
```

```
    #模型输出的智能体在之前各个时刻和当前时刻选择各个行动的概率
    return a
...
#初始化
cost_saved = []                                         #用来保存代价的列表
steps_saved = np.zeros(num_runs)                        #用来保存各次运行的步数的数组
#强化学习任务每次运行的循环
for run in range(num_runs):
  #初始化本次运行
  maze_init()                                           #初始化迷宫环境
  gameover = False                                      #运行结束标志
  action_observed_sequence = torch.zeros(0, dtype=torch.long, device=
device)
    #初始化输入序列
  actions = torch.zeros(0, dtype=torch.int, device=device)
    #初始化行动选择记录
  rewards = []                                          #用来保存奖赏的列表
  #迷宫任务中每个时刻(每一步)的循环
  while not gameover:                                   #若本次运行尚未结束
    #给出智能体在当前时刻的行动选择
    o_t = torch.tensor(maze_get_observation(), device=device)
      #当前时刻智能体的观测结果
    action_observed_sequence = torch.cat((action_observed_sequence, o_t.
unsqueeze(dim=0)))               #将当前时刻的观测结果作为一项加入输入序列
    with torch.inference_mode():                #仅预测模式
      prob = model(action_observed_sequence.unsqueeze(dim=0))
        #进行正向传播
    a_t = torch.multinomial(input=prob[0, -1, :], num_samples=1)
      #依照模型输出的当前时刻选择各个行动的概率,随机选择一个行动
    actions = torch.cat((actions, a_t), dim=0)   #保存当前时刻的行动选择
    action_observed_sequence = torch.cat((action_observed_sequence, a_t))
      #将当前时刻的行动选择作为一项加入输入序列
    #进行一步迷宫任务
    r_t1, gameover = maze_step(a_t)              #得到奖赏及本次运行是否结束的标志
    rewards.append(r_t1)                         #保存奖赏
  #运行结束后,保存本次运行的步数
  steps_saved[run] = mz_step
  #计算本次运行中各个时刻智能体的折扣收益样本
  returns = torch.zeros(mz_step, device=device)  #用来保存折扣收益样本的数组
  ret = 0                                        #用来计算折扣收益样本的临时变量
  for i in range(mz_step-1, -1, -1):             #从最后时刻开始向前递推
    ret += rewards[i]                            #加入当前时刻的奖赏
```

```
    returns[i] = ret                                  #保存当前时刻的折扣收益样本
    ret *= gamma                                      #乘以折扣率
  del rewards                                         #删除奖赏列表
  #训练过程中的一次迭代
  prob = model(action_observed_sequence.unsqueeze(dim=0)) #进行正向传播
  cost = - torch.sum(torch.log(prob[0, torch.arange(actions.shape[0],
device=device), actions]) * returns) / mz_step
    #计算代价(参照"深度强化学习书"中的式(5-10))
  cost_saved.append(cost.item())                      #保存代价
  #反向传播
  optimizer.zero_grad()                               #清零偏导数
  cost.backward()                                     #进行反向传播
  optimizer.step()                                    #更新模型参数
  #打印训练进展
  if (run + 1) % 1000 == 0:
    print('Training [run {}/{}]: cost = {:.5f}, step = {:d}'.format(run + 1,
num_runs, cost.item(), mz_step))
#画出各次运行的步数
plt.figure(dpi=150)                                   #新建一个图形(每英寸150点)
plt.stem(np.arange(1, num_runs + 1), steps_saved, linefmt='none', markerfmt=
'ro')                                                 #画点
plt.xlabel('Run')                                     #设置横轴标签
plt.ylabel('Number of steps')                         #设置纵轴标签
plt.xlim(0, num_runs)                                 #设置横轴范围
plt.ylim(10, mz_max_steps)                            #设置纵轴范围
plt.show()                                            #显示图形
...
```

完整的实验参考程序可扫描二维码下载。

参 考 文 献

[1] VASWANI A，SHAZEER N，PARMAR N，et al. Attention is all you need[C]//Proceedings of the 31st International Conference on Neural Information Processing Systems. New York：Curran Associates Inc.，2017：6000-6010.

[2] 陈喆. 机器学习原理与实践(微课版)[M]. 北京：清华大学出版社，2022.

[3] 陈喆. 深度强化学习原理与实践[M]. 北京：清华大学出版社，2024.

[4] DIETTERICH T G. Machine learning for sequential data：A review[C]//Structural，Syntactic，and Statistical Pattern Recognition. New York：Springer，2002：15-30.

[5] CHEN Z.Attention is not all you need anymore[EB/OL].（2023-09-19）[2024-06-18]. https://arxiv.org/pdf/2308.07661.

[6] BAHDANAU D，CHO K，BENGIO Y. Neural machine translation by jointly learning to align and translate[C]//Proceedings of the 3rd International Conference on Learning Representations. ICLR，2015：1-15.

[7] XU K，BA J，KIROS R，et al. Show，attend and tell：Neural image caption generation with visual attention[C]//Proceedings of the 32nd International Conference on Machine Learning. PMLR，2015：2048-2057.

[8] JAIN S，WALLACE B C. Attention is not explanation[C]//Proceedings of the 2019 Conference of the North American Chapter of the Association for Computational Linguistics：Human Language Technologies. Stroudsburg：ACL，2019：3543-3556.

[9] WIEGREFFE S，PINTER Y. Attention is not explanation[C]//Proceedings of the 2019 Conference on Empirical Methods in Natural Language Processing and the International Joint Conference on Natural Language Processing. Stroudsburg：ACL，2019：11-20.

[10] CHEN Z. Interpretation of the Transformer and improvement of the extractor[EB/OL].（2023-11-21）[2024-06-18]. https://arxiv.org/pdf/2311.12678.

[11] BRODY S，ALON U，YAHAV E. On the expressivity role of LayerNorm in Transformers' attention[C]//Findings of the Association for Computational Linguistics. Stroudsburg：ACL，2023：14211-14221.

[12] MAAS A L，DALY R E，PHAM P T，et al. Learning word vectors for sentiment analysis[C]//Proceedings of the 49th Annual Meeting of the Association for Computational Linguistics：Human Language Technologies. Stroudsburg：ACL，2011：142-150.

[13] FEDERMANN C，LEWIS W D. The Microsoft Speech Language Translation (MSLT) corpus for Chinese and Japanese：Conversational test data for machine translation and speech recognition [C]//Proceedings of Machine Translation Summit XVI：Research Track. Stroudsburg：ACL，2017：72-85.

[14] WARDEN P. Speech Commands：A dataset for limited-vocabulary speech recognition[EB/OL].

(2018-04-09)[2024-06-18]. https://arxiv.org/pdf/1804.03209.

[15] ITO K, JOHNSON L. The LJ speech dataset[DS/OL]. [2024-06-18]. https://keithito.com/LJ-Speech-Dataset/.

[16] KRIZHEVSKY A. Learning multiple layers of features from tiny images[R/OL]. (2009-04-08) [2024-06-18]. https://www.cs.toronto.edu/~kriz/learning-features-2009-TR.pdf.

[17] DOSOVITSKIY A, BEYER L, KOLESNIKOV A, et al. An image is worth 16×16 words: Transformers for image recognition at scale[C]//Proceedings of the 9th International Conference on Learning Representations. ICLR, 2021: 1-21.

[18] LIN T Y, MAIRE M, BELONGIE S, et al. Microsoft COCO: Common objects in context[C]// Computer Vision-ECCV 2014. New York: Springer, 2014: 740-755.

[19] SOOMRO K, ZAMIR A R, SHAH M. UCF101: A dataset of 101 human actions classes from videos in the wild[EB/OL]. (2012-12-03)[2024-06-18]. https://arxiv.org/pdf/1212.0402.

[20] SRIVASTAVA N, MANSIMOV E, SALAKHUTDINOV R. Unsupervised learning of video representations using LSTMs [C]//Proceedings of the 32nd International Conference on International Conference on Machine Learning. PMLR, 2015: 843-852.

[21] SZTYLER T, STUCKENSCHMIDT H. On-body localization of wearable devices: An investigation of position-aware activity [C]//Proceedings of the International Conference on Pervasive Computing and Communications. New York: IEEE, 2016: 1-9.

[22] GOLDENBERG D, LEVIN P. Booking.com multi-destination trips dataset[C]//Proceedings of the 44th International ACM SIGIR Conference on Research and Development in Information Retrieval. New York: ACM, 2021: 2457-2462.

写 在 后 面

大模型通常指具有数十亿甚至更多个参数的模型。然而,本书实验中的模型最多只有数百万个参数。这是因为本书有意缩减了实验中模型的参数数量。这一方面是为了便于读者在消费级显卡上运行实验程序;另一方面是为了缩短程序运行时长,以便较快地得到运行结果。尽管如此,在本书讲述的方法基础之上,读者可增大Transformer模型中的层数、模型中向量的维数 d_{main} 等超参数的值(以及增加前馈网络隐含层中节点的数量),以增加模型的参数数量。当然,训练更大的模型时,训练样本的数量也应相应地增加(以避免模型过拟合)。

尽管 Transformer 是已被证实有效的大模型架构,但"Transformer 论文"中提出的 Transformer 架构并非完美无瑕。其主要局限之一在于其中自注意力机制的时间复杂度(所需的运行时长)和空间复杂度(所需的内存容量)与输入序列长度的平方成正比,这限制了 Transformer 架构输入序列的最大长度。在过去的几年中,研究人员提出了许多用来降低自注意力机制时间复杂度和空间复杂度的方法,不过基于这些方法的 Transformer 模型的预测性能往往不及原有自注意力机制的 Transformer 模型的预测性能。

尽管本书以 Transformer 架构为例讲解用来构建大模型的深度神经网络,但能够实现大模型的深度神经网络架构并不唯一。因此,更重要的是掌握 Transformer 架构中各个组成模块的原理及其适用场景。未来的大模型是否还将基于 Transformer 架构并不重要,重要的是学会根据实际情况和需求自行构建大模型。万变不离其宗,以不变应万变。

忘掉 Transformer。

未来,又是崭新的开始。